I have been knitting since I was a little boy.
After so many years, I am still surprised,
when I find new patterns. In this book,
I am presenting you a collection of
many of my favorite patterns.

Good knitting does not need to be difficult.
With just knit and purl you can create wonderful
and unique patterns, that are easy to knit.

Even when you just start to learn knitting, this book
can help you, to find simple, but interesting patterns.
At the same time, the book shows several unique
patterns, maybe new to experienced knitters.

When I search for patterns, one aspect for me is
usually the number of rows for each repeat.
Therefore, the book is divide by the number of rows
each patterns has. I hope this will make it usful
for you to create your dream piece. Each category
has a different color. This way you can already see,
how patterns will look in your favorite color.

Several patterns look interesting also on the wrong side.
This is useful to know, when knitting a reversible item,
like a cosy snood for winter.

I hope you will enjoy the book and find many
new inspirations. For me knitting is magic
with endless variations.

Bernd Kestler

目录

◆图书印刷效果和实物颜色有时会略有差异，敬请谅解。
◆p.9~100的编织花样，均经过熨烫定型。
◆p.9~100的编织花样，全部使用Persent（Rich More）毛线织成，编织工具为5号棒针。
p.103~115的作品使用的针和线，参见p.116~126。使用的毛线为2020年10月生产批次。

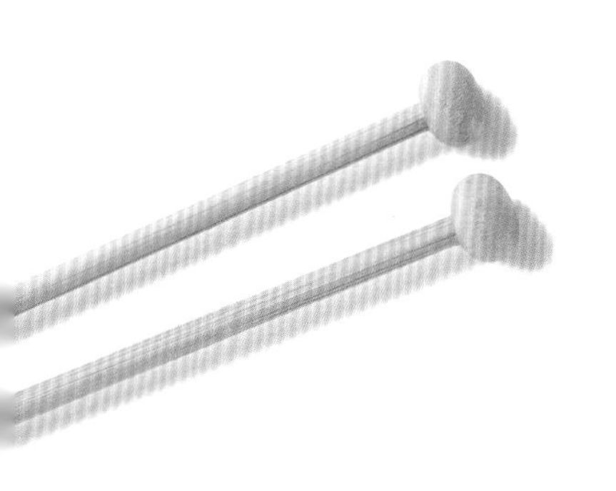

贝恩德·凯斯特勒

上针下针编织花样120

〔德〕贝恩德·凯斯特勒 著
如鱼得水 译

河南科学技术出版社
·郑州·

前言

我从少年时期开始编织。
这么多年过去了，每当看到新的编织花样，
我还是会觉得惊喜交加。
本书介绍了我喜欢的各种编织花样。

好的编织，不应该很难。
只需将上针和下针组合在一起，
就可以创造出优美、独特的花样。

刚接触编织不久的初学者，
可以从本书中找到简单、漂亮的编织花样；
经验丰富的编织达人，阅读本书也会有新的发现。

我设计编织花样时，总是通过重复单个花样的行数来完成。
因此，本书将编织花样按行数和色系来分类介绍，
希望能有助于您找到适合想要编织的东西的编织花样。

有些编织花样的反面也很漂亮。
比如，冬天的围脖和围巾等双面可用的衣物，
很适合使用这类花样。

对我来说，编织是魔法，蕴藏着无限的变化。
朋友们，希望你们能够在阅读本书时获得丰富的编织灵感。

贝恩德·凯斯特勒

基本编织方法

本书介绍了120种编织花样，全部是由上针和下针组合而成的。
下面介绍上针、下针，以及编织开始前的起针和编织结束后的伏针收针、处理线头的方法。

起针

起针是棒针编织的基础。
本书介绍的编织花样、作品，全部从下面的起针方法开始编织。

1 准备1根长为织物宽度大约3倍的线，按照图示做个线圈。

2 将手指插入线圈，抓住线。

3 从线圈中将较长的线拉出一点。

4 拉紧线将线圈收紧，形成一个新的线圈。

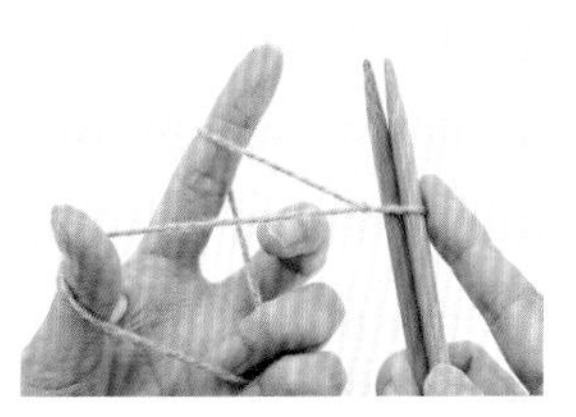

5 线圈中插入2根棒针，将线圈收紧，1针起针完成了。

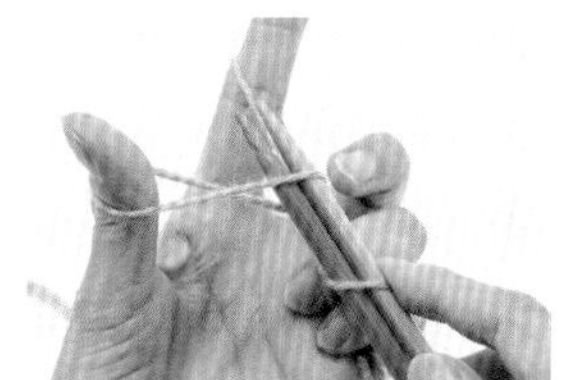

6 将棒针从前下方插入拇指上挂的线圈，像挑针一样。

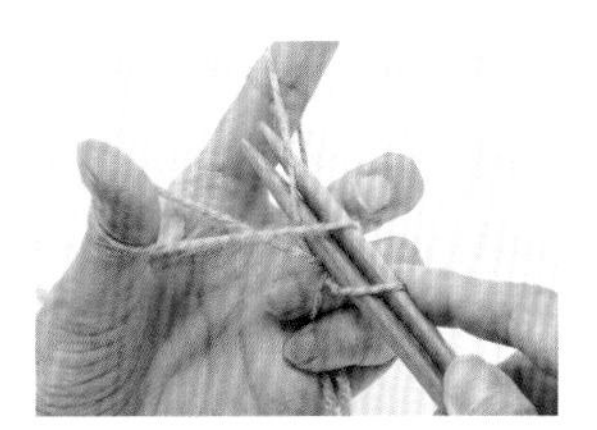

7 再将棒针从上方插入食指上的线圈里。

8 继续将棒针插入拇指上的线圈并从中间穿过。

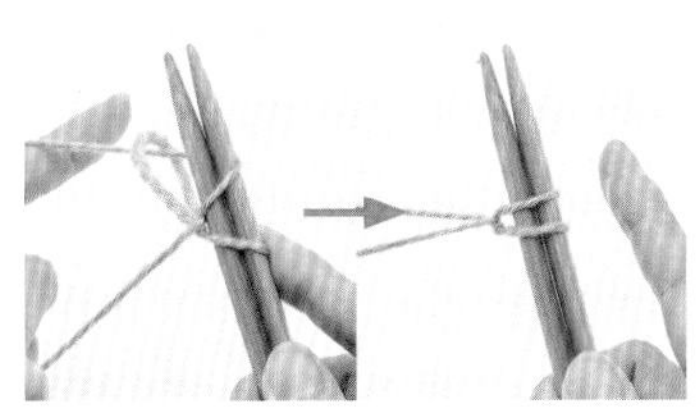

9 取下拇指上挂的线，将线拉紧。这是第2针。

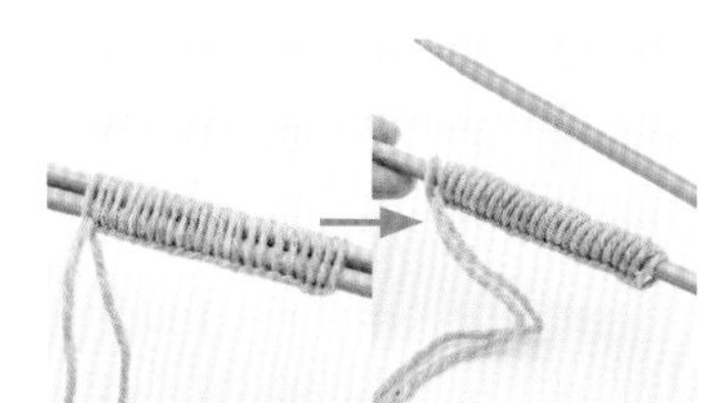

10 重复步骤6～9，起所需要的针数。抽出1根棒针，这就是第1行。

棒针和线的拿法

左手的拇指和中指拿着棒针，将食指抬起，挂上线。右手的拇指和食指轻轻地捏着棒针，食指还要压住棒针上挂的线，方便编织。

丨 下针

这是棒针编织所要掌握的第 1 种针法。
编织效果很像连在一起的锁针，非常整洁、美观。

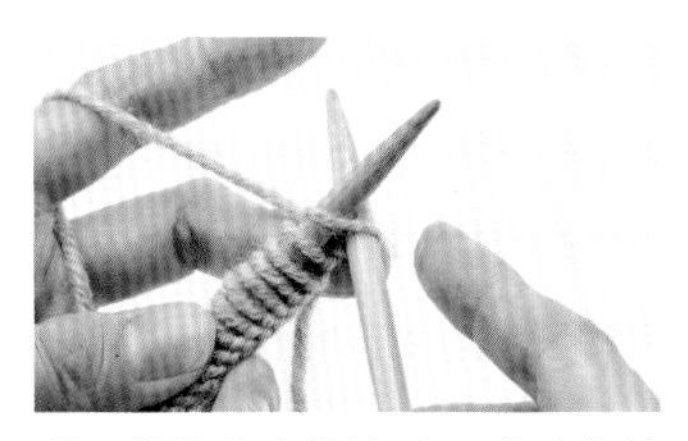

1 将线放在棒针后面，将右棒针从前面插入起针第1 针。

2 右棒针从下向上挂线，用手指轻轻压住线。

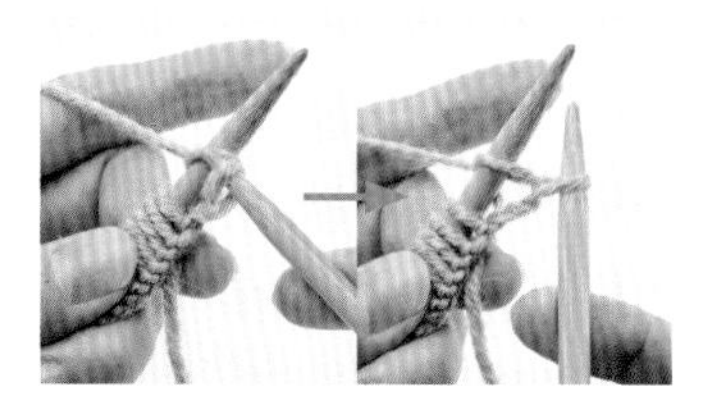

3 从步骤1的1针中将线引拔出。

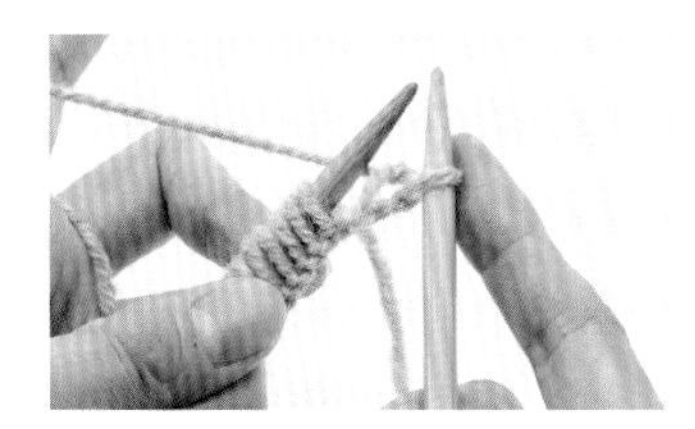

4 将针目从左棒针上取下。1 针下针完成。

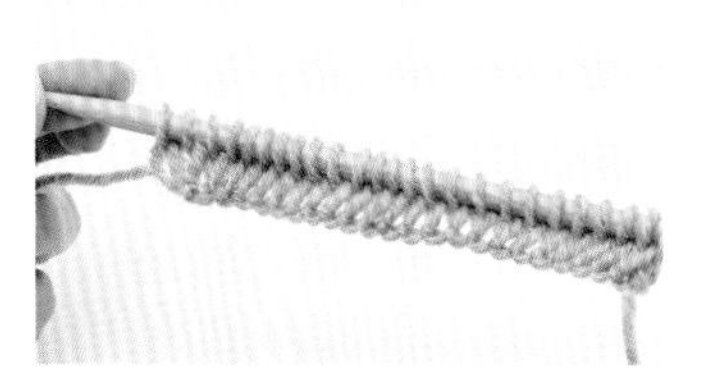

5 重复步骤1 ～4。图为编织完第2 行的状态。

– 上针

挂线的方法和下针不同。
织片效果也完全不一样。

1 将线放在棒针前面，将右棒针从前面插入起针第1 针。

2 用针尖从上向下挂线，用手指轻轻压住线。

3 将线引拔出。

4 将针目从左棒针上取下。1 针上针完成。

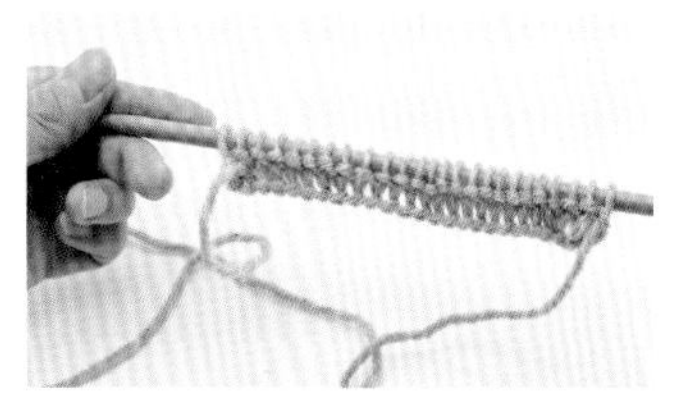

5 重复步骤1 ～4。图为编织完第2 行的状态。

下针的伏针收针

编织完最后一行进行收针，以免针目散开。
本书作品使用了伏针收针法。

1 端头2针编织下针（针目❶❷）。

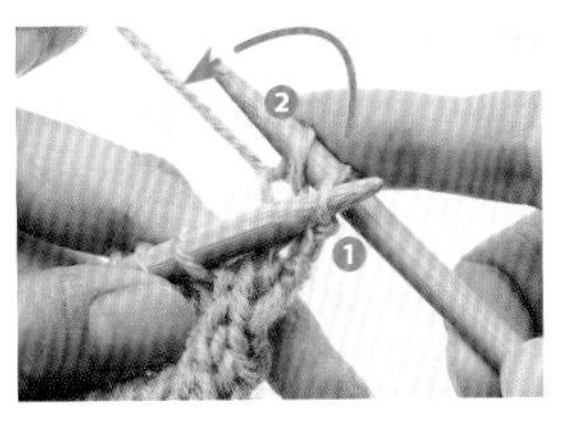

2 将左棒针插入右侧针目❶，用它盖住左侧针目❷。

3 完成了1针伏针收针。

4 编织1针下针（针目❸）。

5 将左棒针插入右侧针目❷，用它盖住左侧针目❸。

6 完成了2针伏针收针。

7 重复步骤4～5，就完成了收针。

8 左棒针上的针目全部收完后，将右棒针上剩余的针目拉大。

9 抽出棒针，留10cm左右线头并剪断。

10 将步骤9中留下的线头穿入步骤8的线圈中。

11 左手拿着织片，右手将线拉紧。

12 下针的伏针收针完成了。

处理线头

完成伏针收针后，
还要使用缝合针处理线头。

1 编好的织片很容易卷边，需要用手整理平整或者使用熨斗轻轻熨烫定型。

2 将编织终点的线穿入缝合针，然后平着插入织片5cm左右，注意不要让针目出现在正面。

3 抽出缝合针，将多余的线剪断。

编织花样的使用方法

本书介绍的 120 种编织花样全部是由上针和下针组合而成的。
1 个花样会介绍 1~34 行的编织方法。
了解图解的使用方法后，选择喜欢的编织花样编织吧。

1 毛线的色号

样片使用的毛线全部是Percent（Rich More）线。
这里是毛线的色号。编织工具是5号棒针。

2 编织方法图

这是1个花样的编织方法图。这个花样为4行1个花样。
在编织作品时，行数如果是4的倍数，编织效果会很漂亮。
在符号图中，下针用□表示，上针用━表示。
※p.9~16下针用❙表示，上针用━表示。

3 红框

往返编织时，如果编织红框部分，编织花样会呈现左右对称的效果。但是，环形编织时不需要编织。

4 拉伸符号

把不平整的织片拉平看的效果。（如果是横向拉平，用⟺表示。）

5 双面符号

正面和反面的编织效果不同，而且都很漂亮。

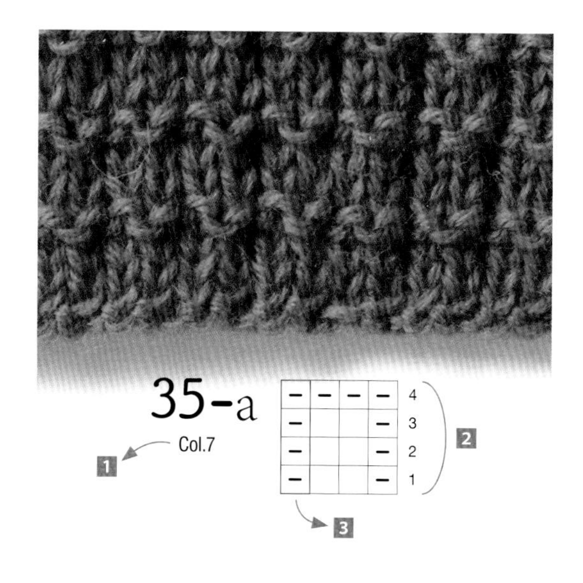

–	–	–	–	4
–			–	3
–			–	2
–			–	1

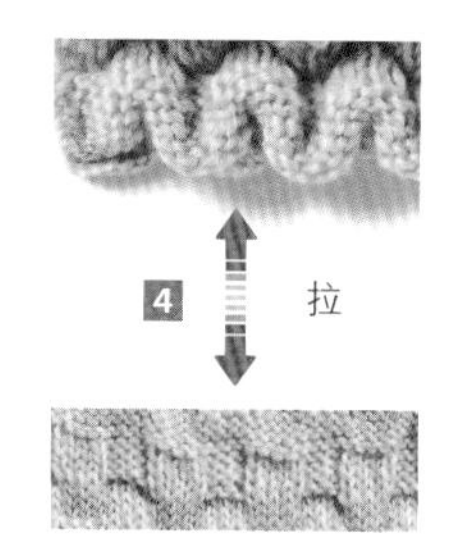

下针编织的编织方法图的看法

棒针编织时，有环形编织和交错着看着正面、反面编织的往返编织两种情况。编织方法不同，编织方法图的看法也不一样。例如，做下针编织时，右边的 A 是下针编织的编织方法图，它表示的是从正面看的编织状态，所以全部标记为下针符号。环形编织时，一直都是看着正面编织的，所以只需要按照编织方法图全部编织下针即可。而往返编织在实际编织时，要按照 B 交错着编织下针、上针才行。也就是说，看着正面编织时，要按照编织符号图编织；看着反面编织时，实际编织针法和编织符号图相反（━→❙，❙→━）。织好后，从正面看全部是下针，从反面看则全部是上针。

※ 参照花样 1。

A 用环形针一圈一圈编织时

❙	❙	❙	❙	❙	❙	←
❙	❙	❙	❙	❙	❙	←
❙	❙	❙	❙	❙	❙	←
❙	❙	❙	❙	❙	❙	←

B 用棒针做往返编织时实际编织针法是这样的

–	–	–	–	–	–	→
❙	❙	❙	❙	❙	❙	←
–	–	–	–	–	–	→
❙	❙	❙	❙	❙	❙	←

花样分类

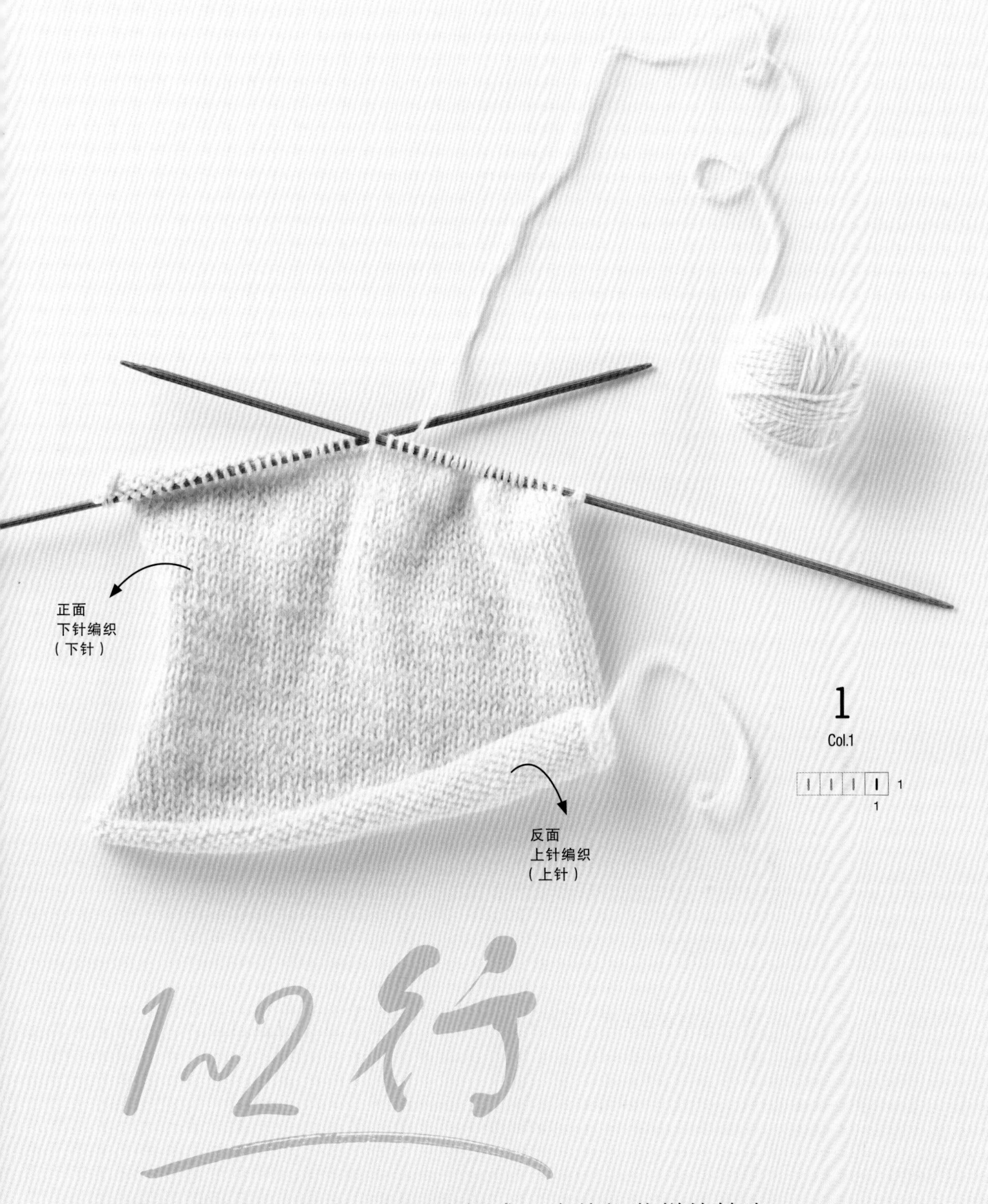

1~2行

这里介绍的是 1 行或 2 行即可组成 1 个编织花样的针法。
包括基本的下针编织、起伏针等。

2

Col.95

—	—	2
|	|	1
	1	

起伏针

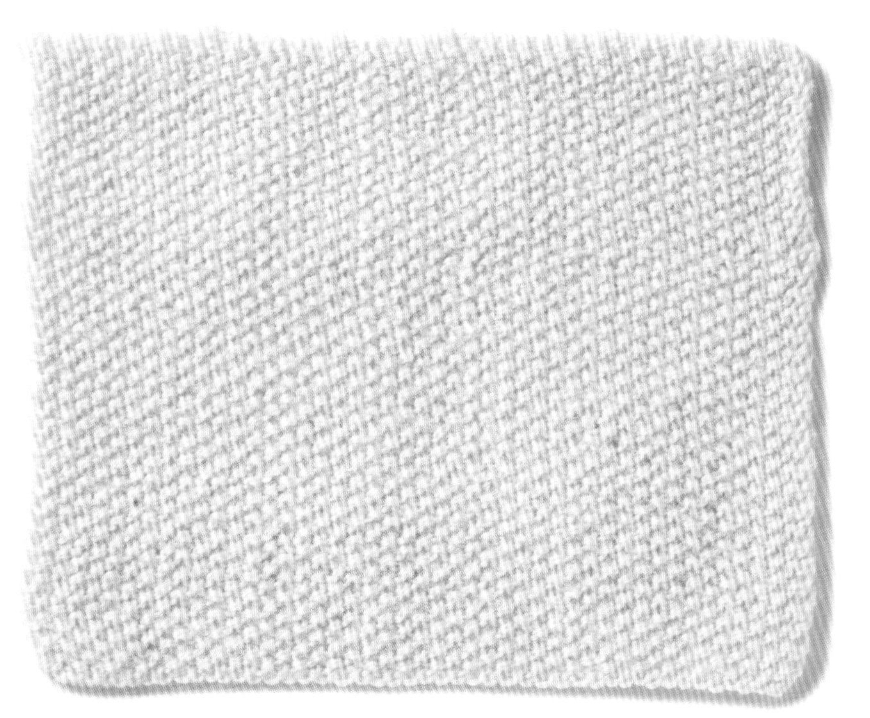

3

Col.2

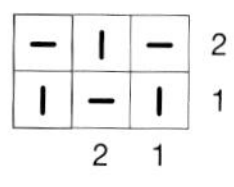

—	|	—	2
|	—	|	1
	2	1	

4

Col.20

|	|	—	—	|	|	2
|	|	|	|	|	|	1
		4			1	

单罗纹针

5

Col.101

—	I	—	I	1
		2	1	

双罗纹针

6

Col.5

I	I	—	—	I	I	2
I	I	—	—	I	I	1
		4			1	

7

Col.101

I	I	I	I	I	I	–	I	–	I	–	I	I	I	I	I	2
I	I	I	I	I	–	I	–	I	–	I	I	I	I	I	I	1
					11	10					5				1	

8

Col.5

I	–	–	I	2
I	–	I	I	1
	3		1	

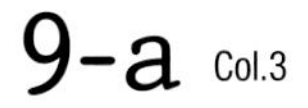

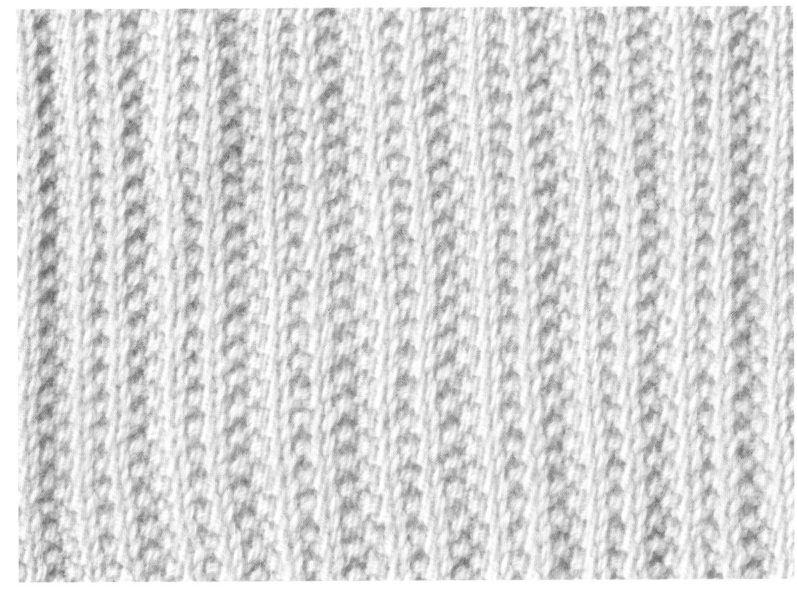

9-b

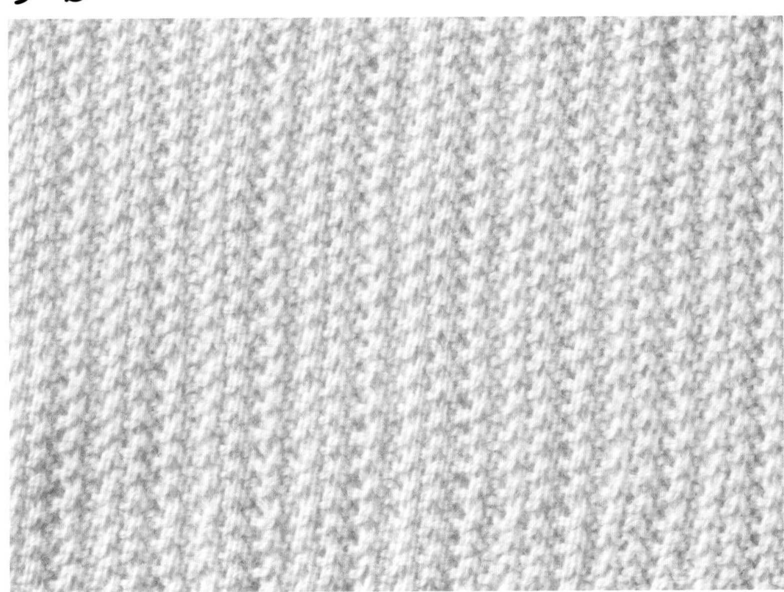

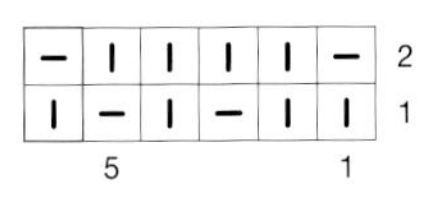

–	I	I	I	I	–	2
I	–	I	–	I	I	1
	5				1	

10

Col.4

−	−	−	−	−	−	−	−	−	2
−	−	−	I	I	I	−	−	−	1
			6	5				1	

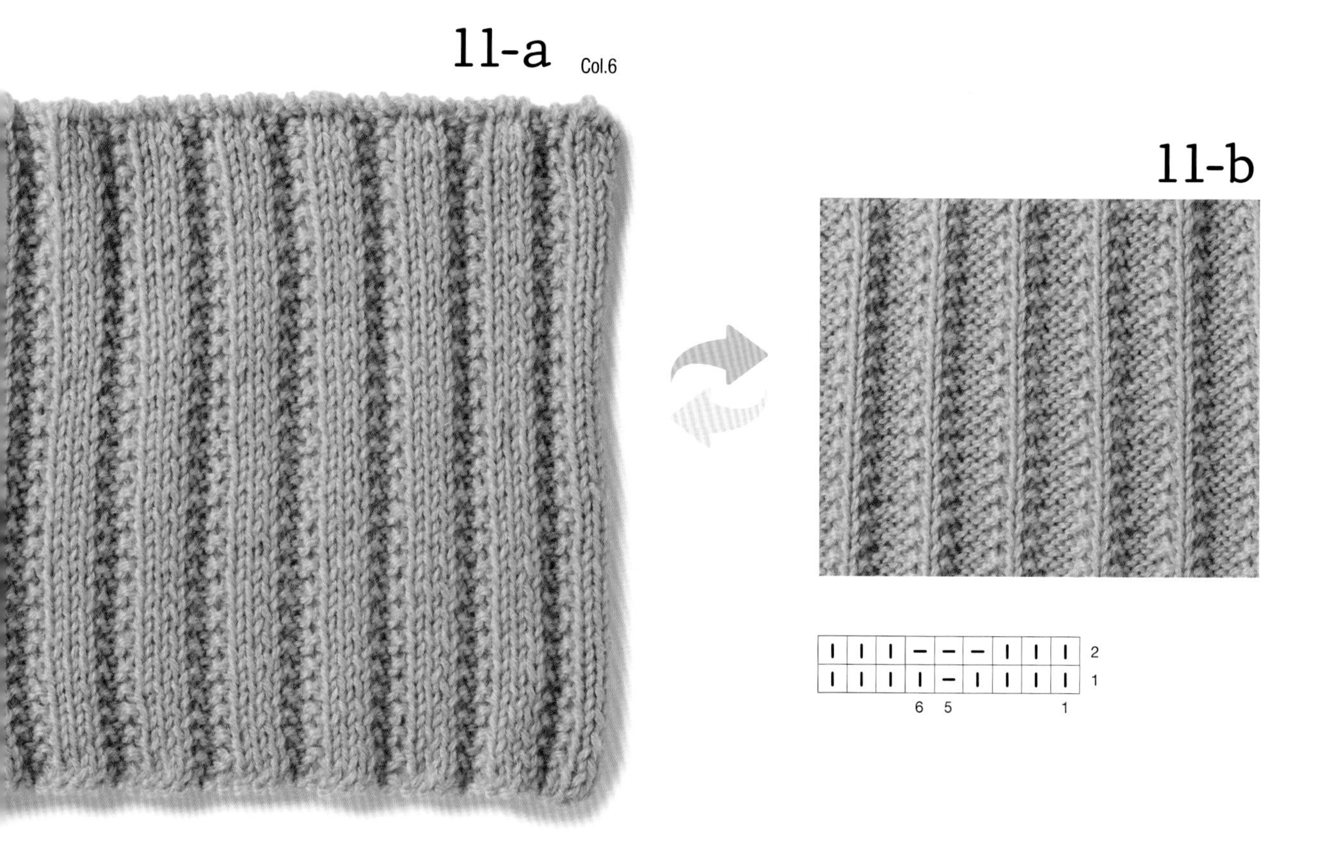

11-a

Col.6

11-b

I	I	I	−	−	−	I	I	I	2
I	I	I	I	−	I	I	I	I	1
			6	5				1	

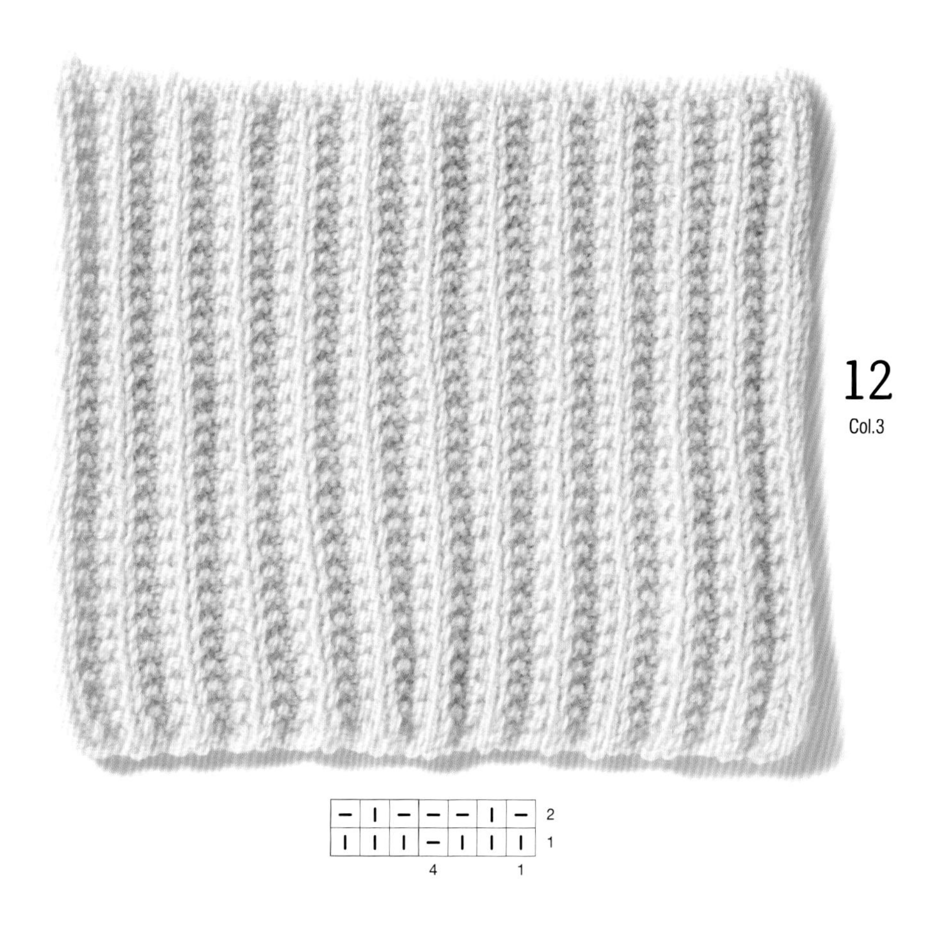

12
Col.3

–	I	–	–	–	I	–	2
I	I	I	–	I	I	I	1
			4			1	

13
Col.1

–	–	I	I	I	–	–	2
–	–	I	–	I	–	–	1
		5				1	

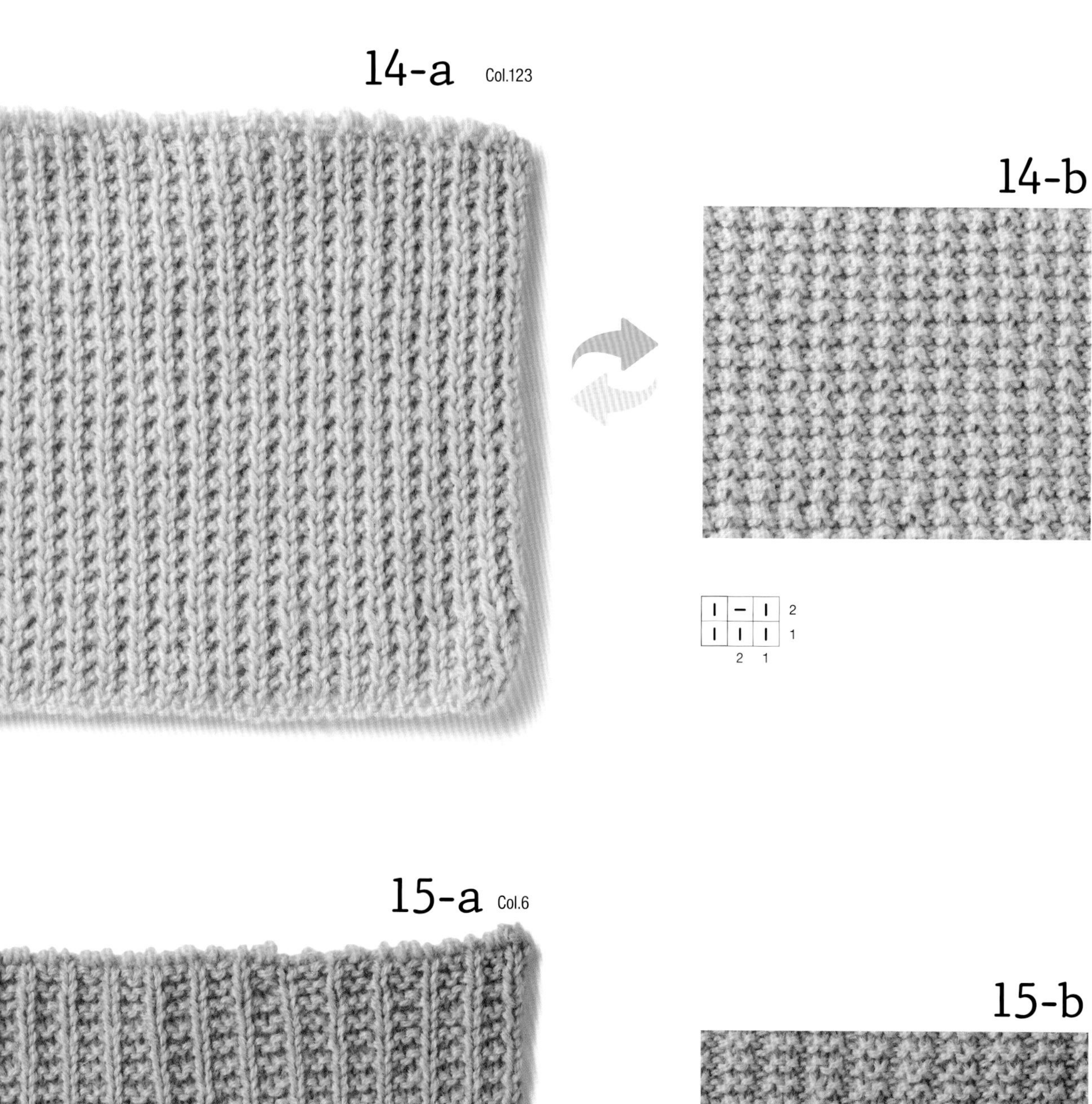
14-a
Col.123
14-b
| – |
| | |
2
1
2 1

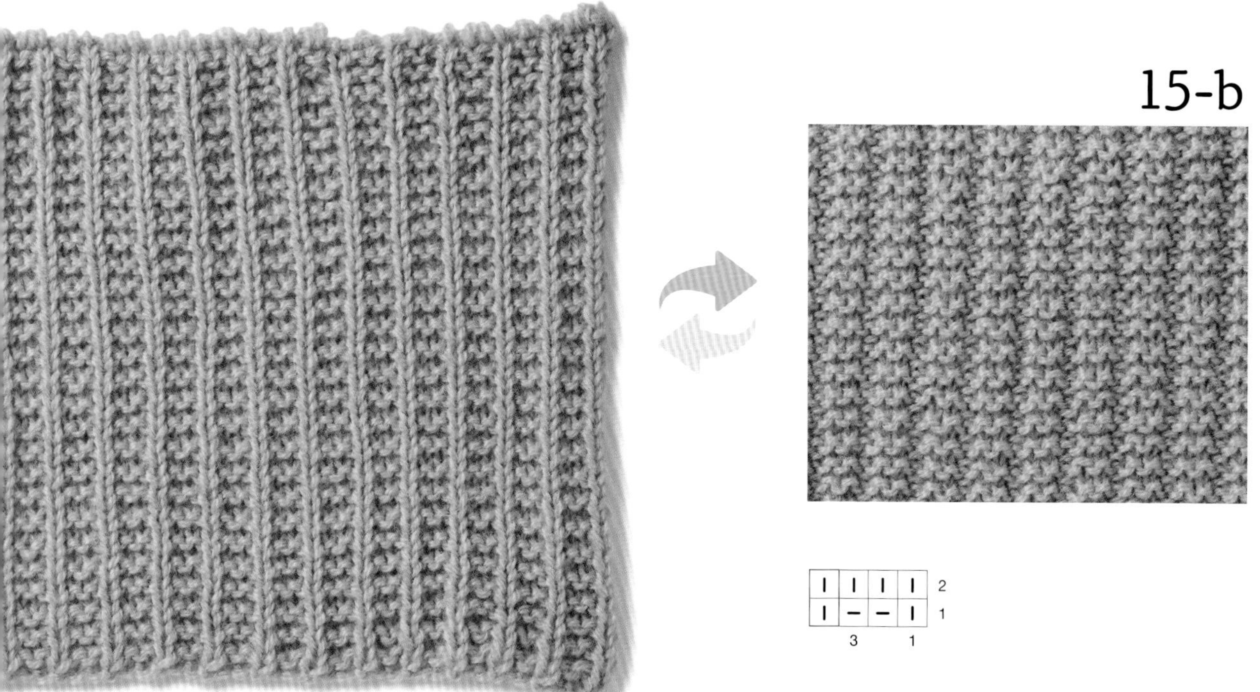
15-a
Col.6
15-b
| | | |
| – – |
2
1
3 1

4行

这里介绍的是4行组成1个编织花样的针法。
很有规律，很多编织花样都很简单。

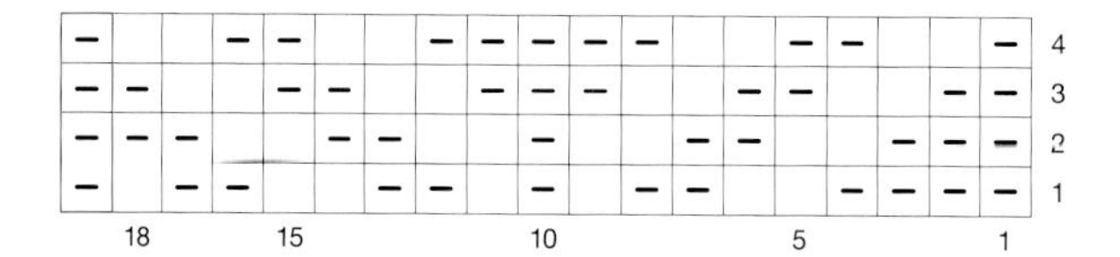

16

Col.124

17

Col.20

		–	–	–	–			4
		–	–	–	–			3
–	–					–	–	2
–	–					–	–	1
		6	5				1	

	–		4
	–		3
–	–	–	2
			1
	2	1	

18

Col.19

19-a

Col.116

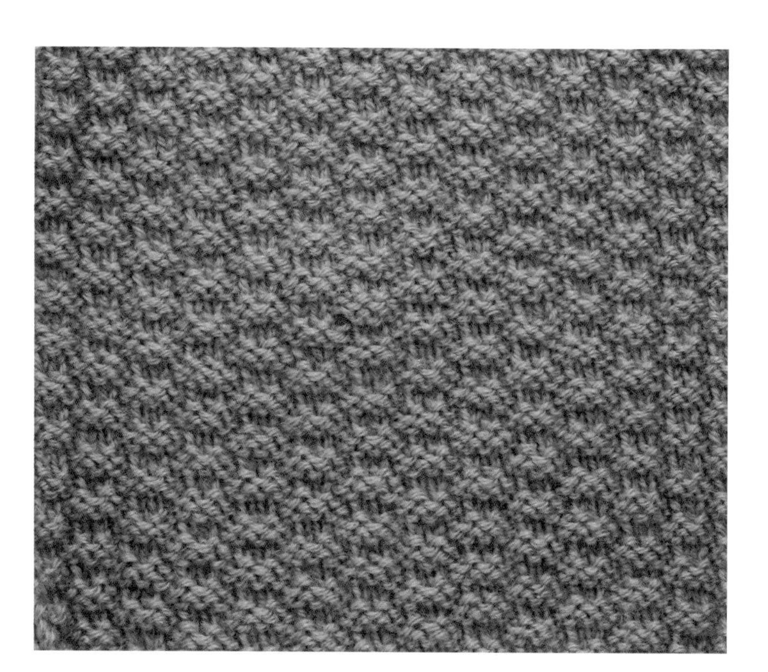

19-b

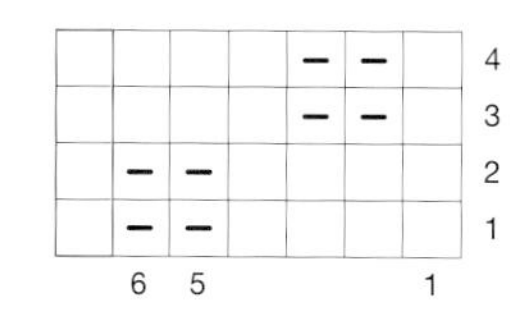

20-a

Col.125

20-b

—	—	—	—	—	—	—	—	—	—	—	—	—	—	—	—	—	4
—	—	—		—	—	—				—	—	—		—	—	—	3
—	—	—		—	—	—				—	—	—		—	—	—	2
—	—	—		—	—	—				—	—	—		—	—	—	1
							10					5				1	

21

Col.116

	–	–		4
		–	–	3
–			–	2
–	–			1
4			1	

22

Col.83

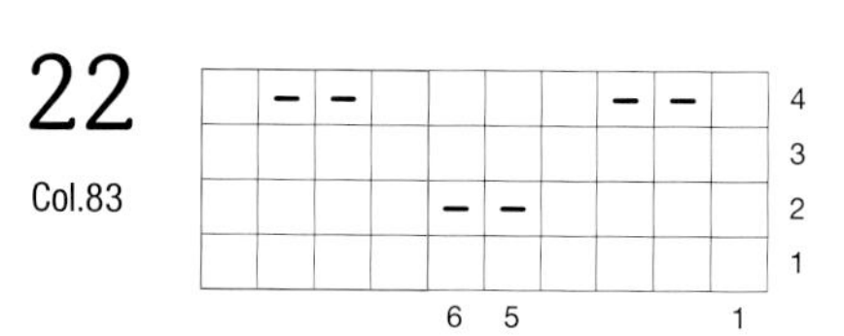

	–	–					–	–		4
										3
				–	–					2
										1
				6	5				1	

23

Col.116

–	–			–	–	2
		–	–			1
		4			1	

24-b

24-a

Col.87

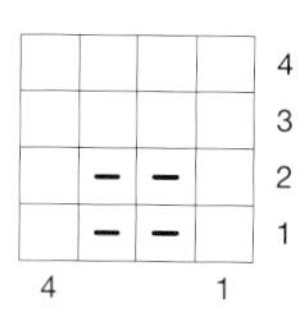

	—	—		4
	—	—		3
				2
				1
	3		1	

25-a

Col.9

25-b

26
Col.102

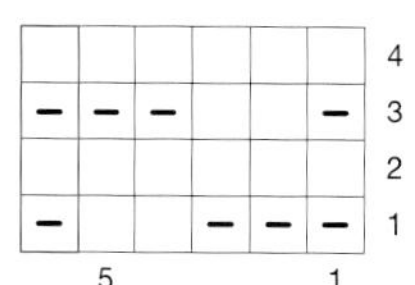

27
Col.102

28

Col.102

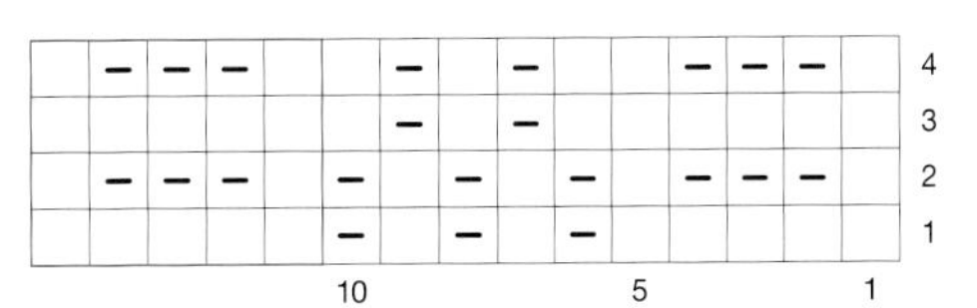

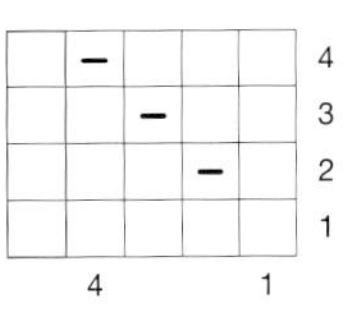

29

Col.88

—	—	—	—	—	—							—	—	—	—	—	—	4
—	—	—	—	—	—							—	—	—	—	—	—	3
						—	—	—	—	—	—							2
						—	—	—	—	—	—							1
						12		10					5				1	

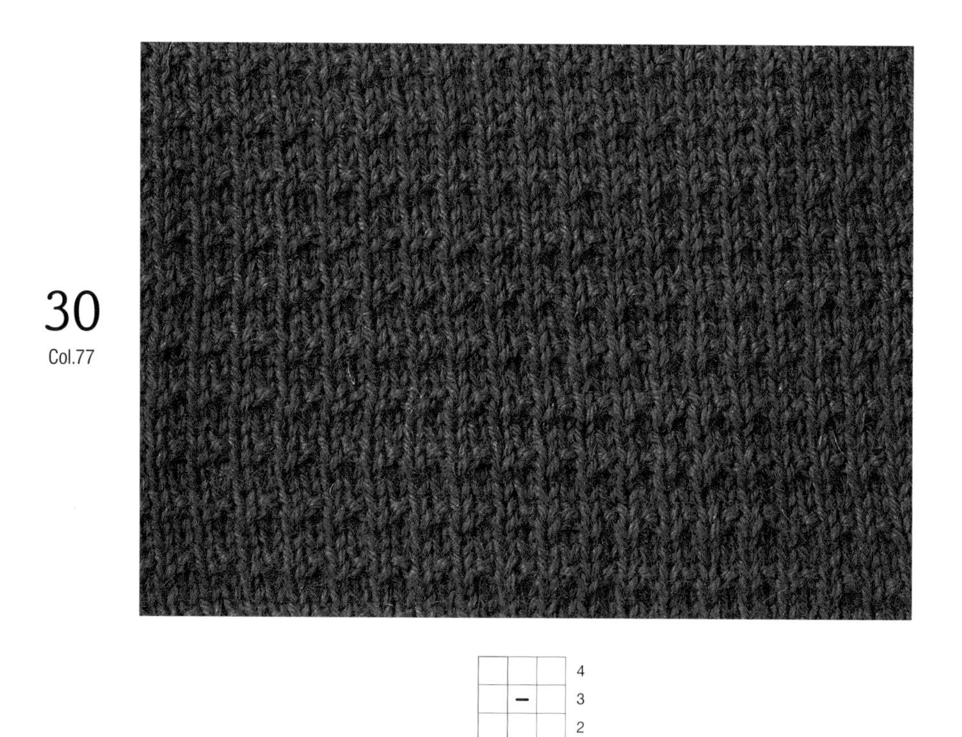

30

Col.77

			4
	—		3
			2
			1
	2	1	

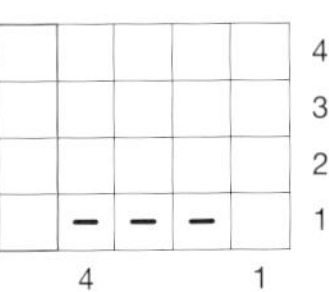

31
Col.117

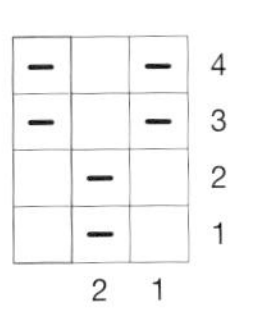

32
Col.118

33
Col.125

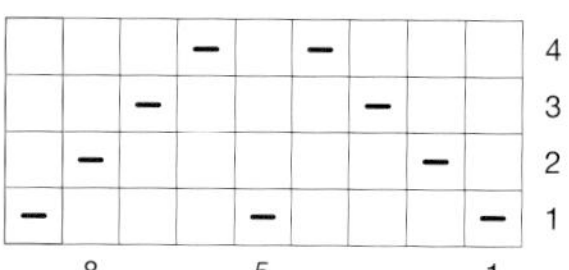

34-a

Col.125

34-b

–	–	–			–	4
–	–	–			–	3
–			–	–	–	2
–			–	–	–	1
	5				1	

35-a Col.7

−	−	−	−	4
−			−	3
−			−	2
−			−	1
	3		1	

35-b

5~6行

这里介绍的是 5 行或 6 行组成 1 个编织花样的针法。
共有 11 种编织花样。

36

Col.109

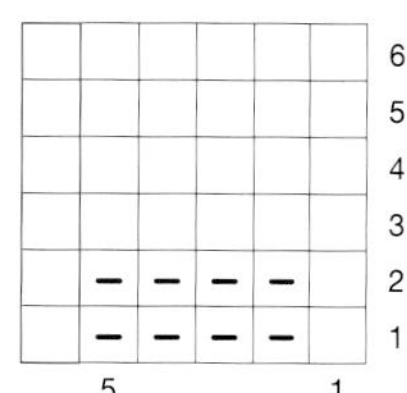

37

Col.16

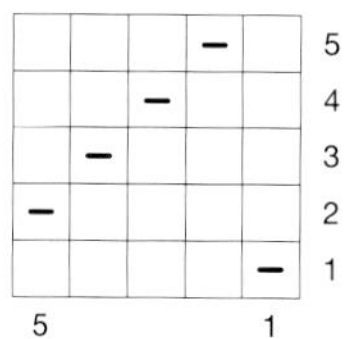

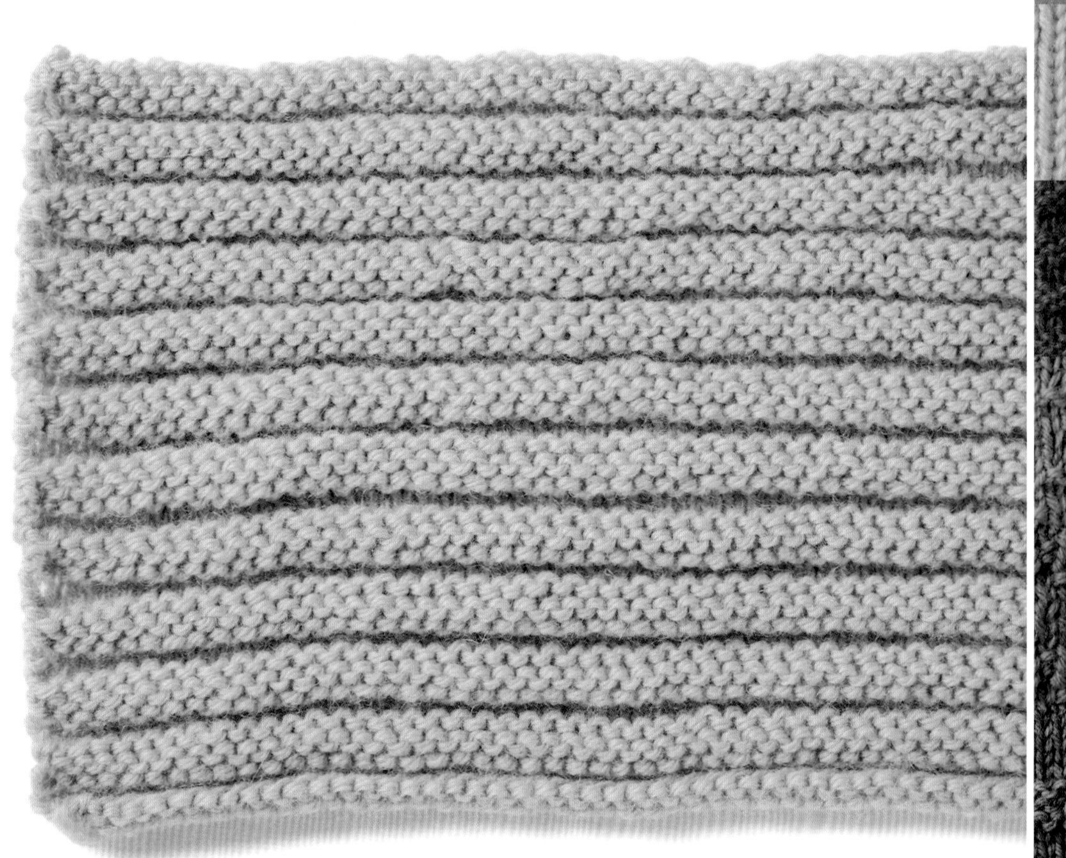

38

Col.109

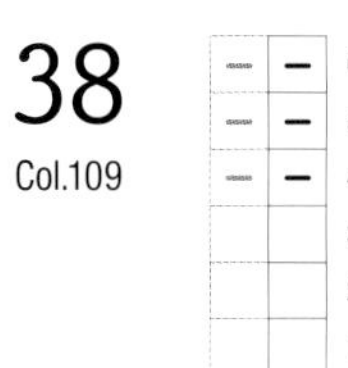

39-a Col.107

39-b

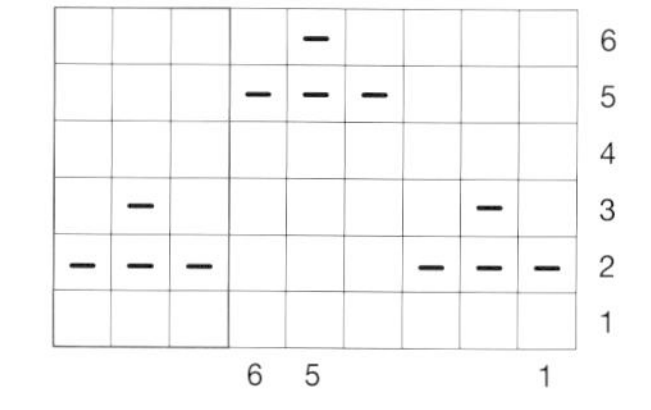

40-a Col.36

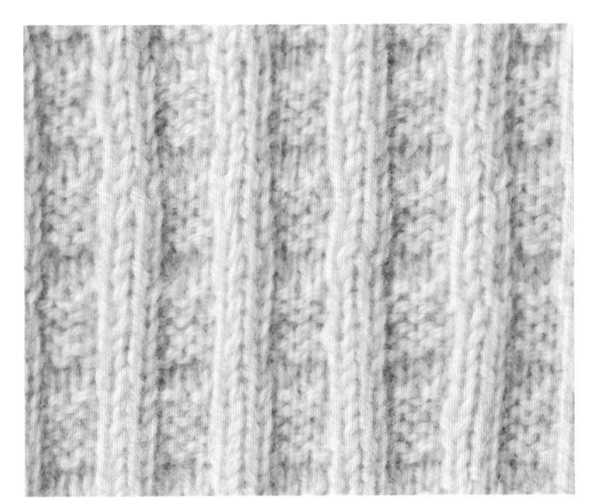

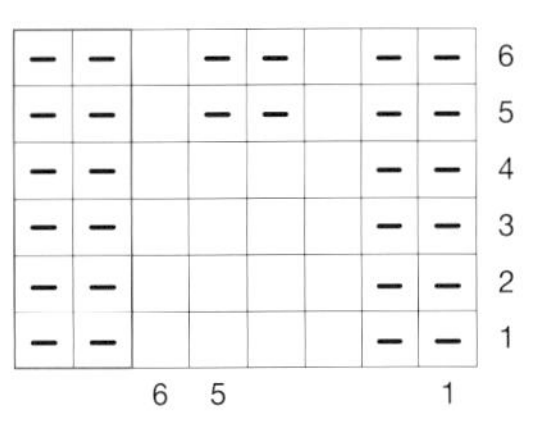

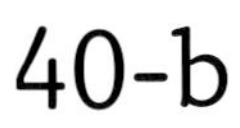

40-b

41

Col.14

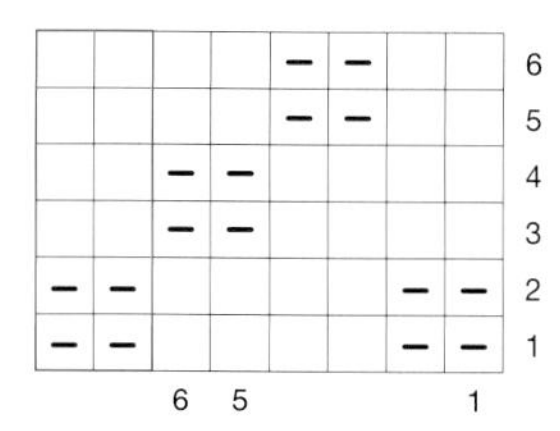

42

Col.32

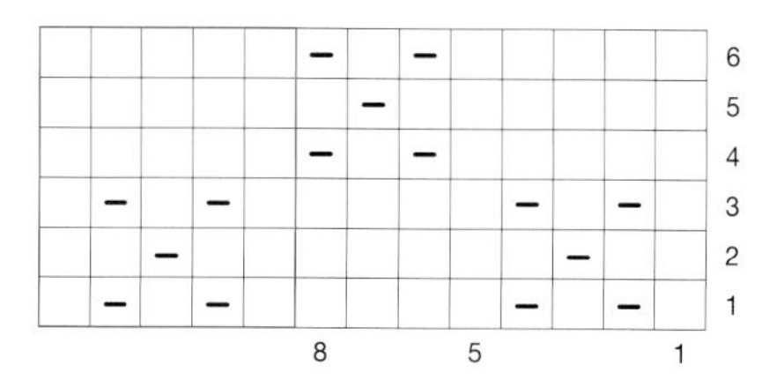

43

Col.104

		–	–					–	–					–	–			6
			–	–				–	–				–	–				5
				–	–			–	–			–	–					4
					–	–		–	–		–	–						3
						–	–	–	–	–	–							2
							–	–	–	–								1
		16	15					10					5				1	

44

Col.33

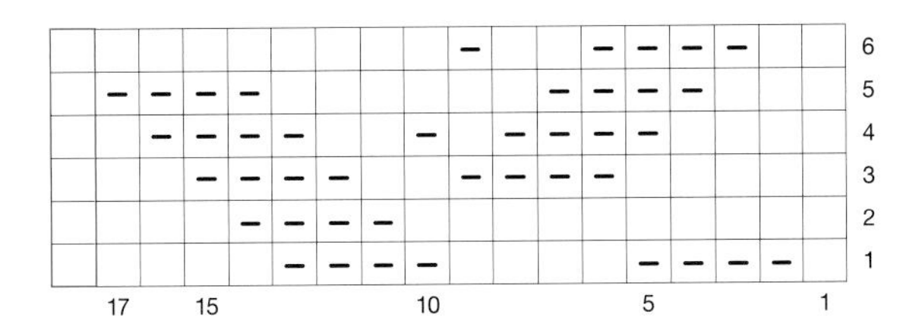

45

Col.35

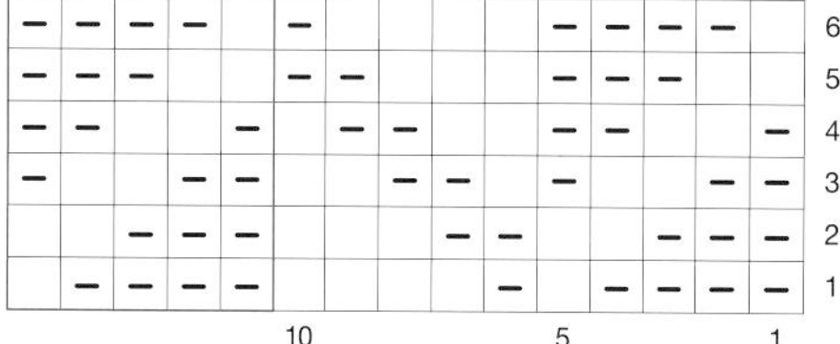

46

Col.35

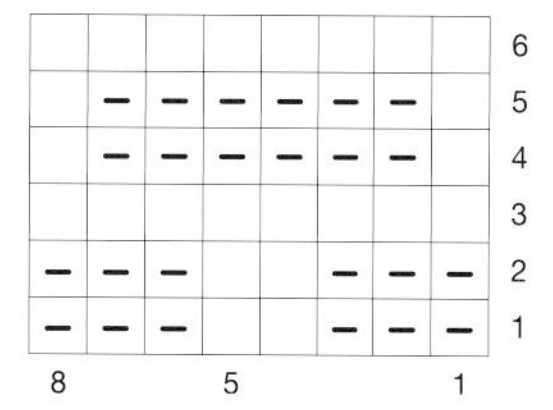

8行

这里介绍的是 8 行组成 1 个编织花样的针法。
有一些编织花样很有特色。

47

Col.25

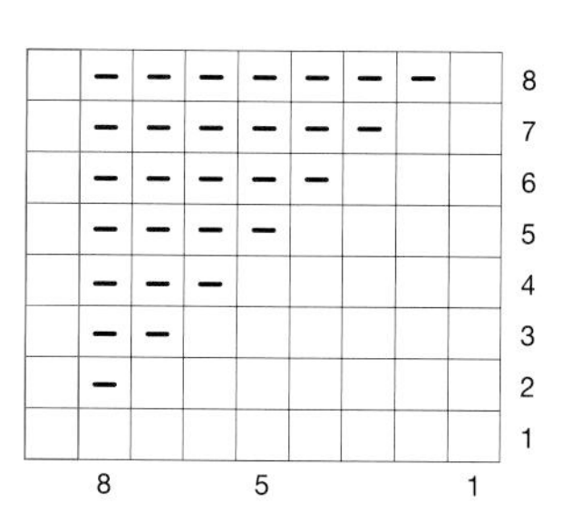

48

Col.25

49
Col.25

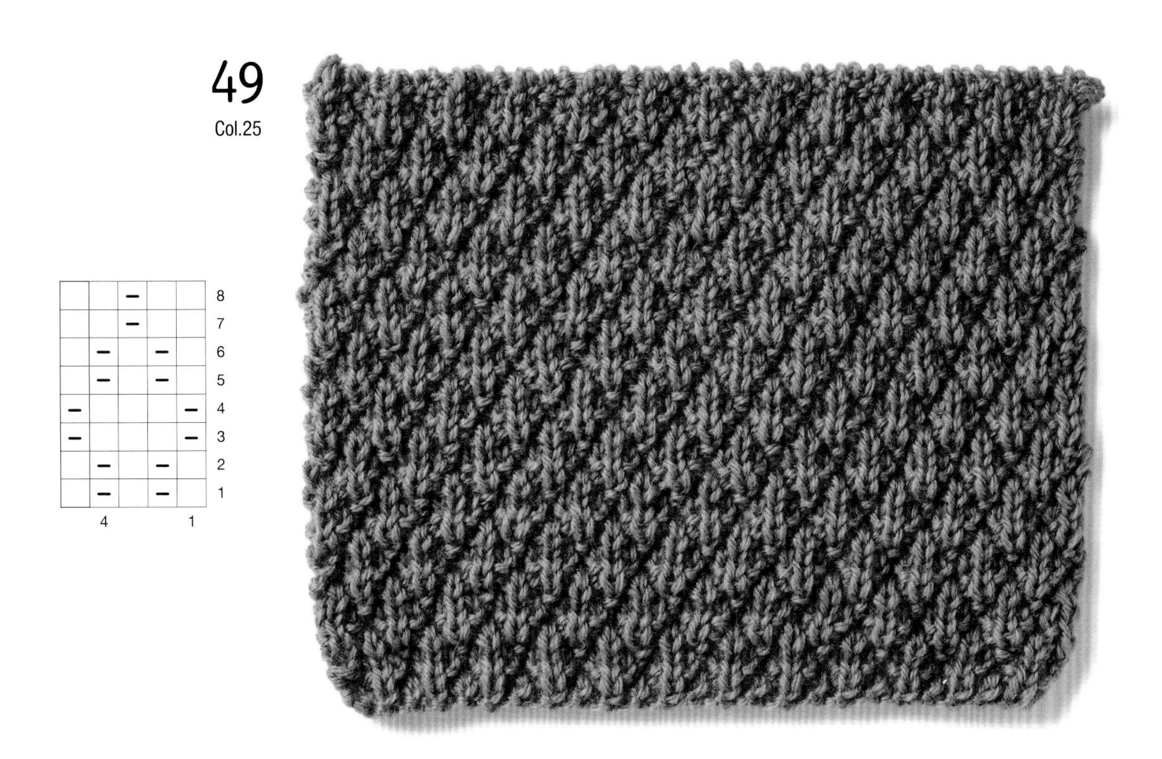

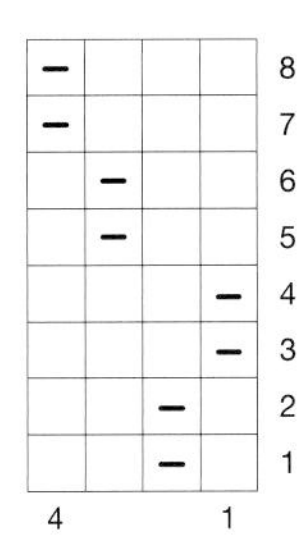

50
Col.108

51-a

Col.43

51-b

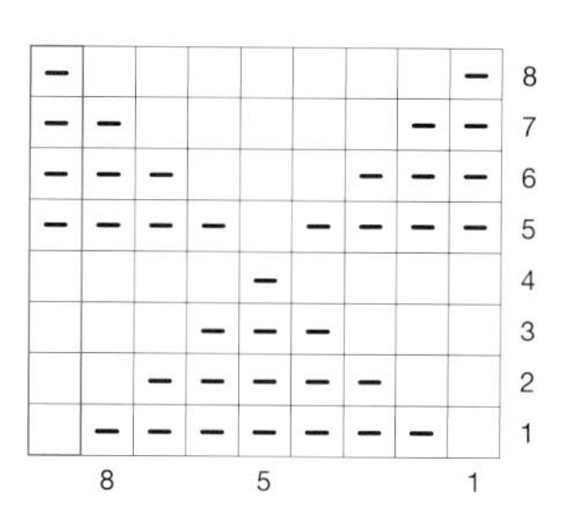

–								–	8
–	–						–	–	7
–	–	–				–	–	–	6
–	–	–	–		–	–	–	–	5
				–					4
			–	–	–				3
		–	–	–	–	–			2
	–	–	–	–	–	–	–		1
	8			5				1	

52-a

Col.43

52-b

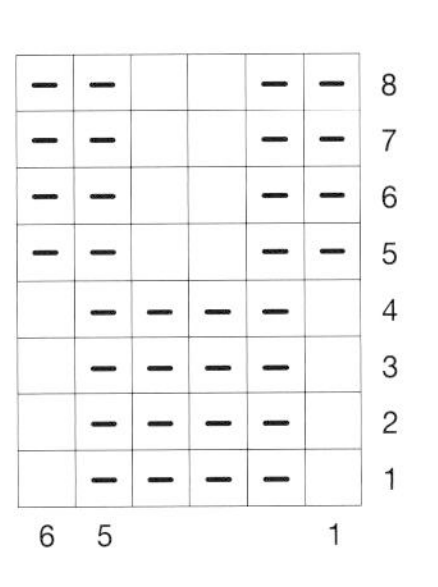

–	–			–	–	8
–	–			–	–	7
–	–			–	–	6
–	–			–	–	5
	–	–	–	–		4
	–	–	–	–		3
	–	–	–	–		2
	–	–	–	–		1
6	5				1	

53-a

Col.39

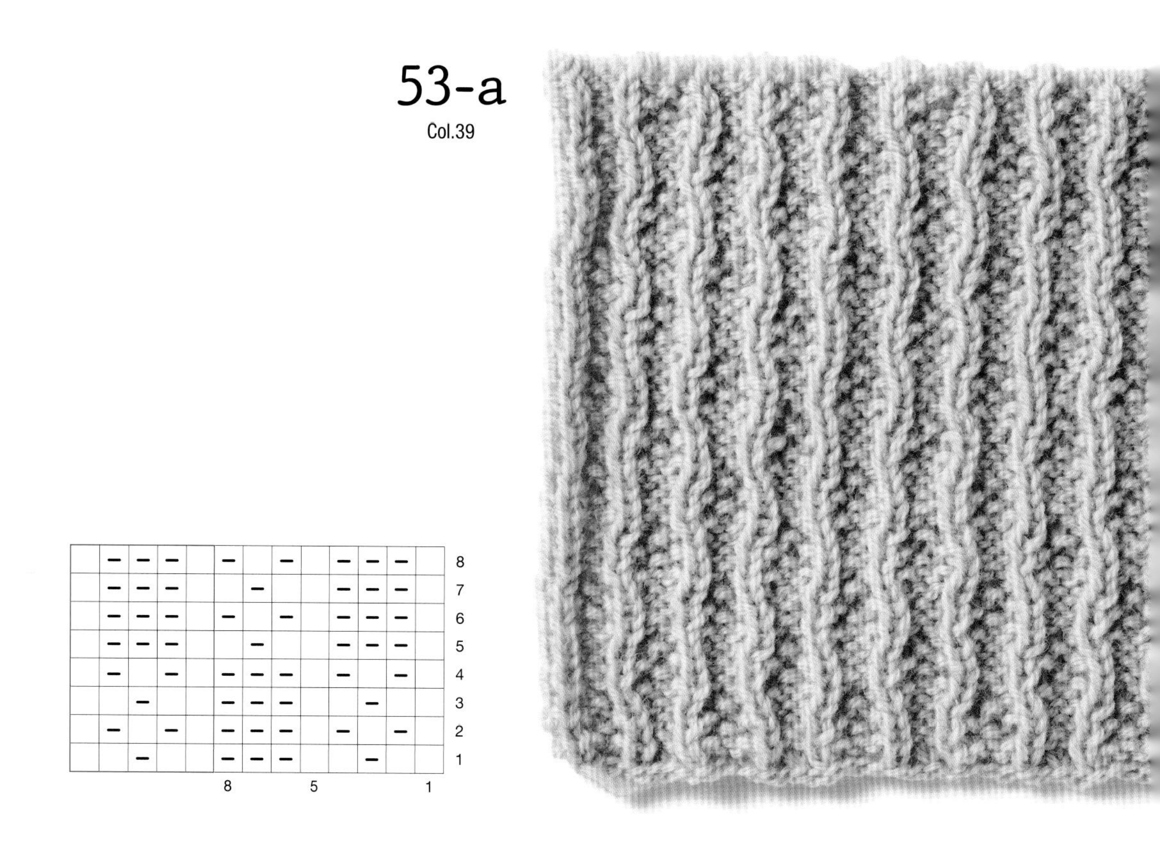

					8			5				1	
	–	–	–		–		–		–	–	–		8
	–	–	–			–			–	–	–		7
	–	–	–		–		–		–	–	–		6
	–	–	–			–			–	–	–		5
	–		–		–	–	–		–		–		4
		–			–	–	–			–			3
	–		–		–	–	–		–		–		2
		–			–	–	–			–			1

54-a

Col.39

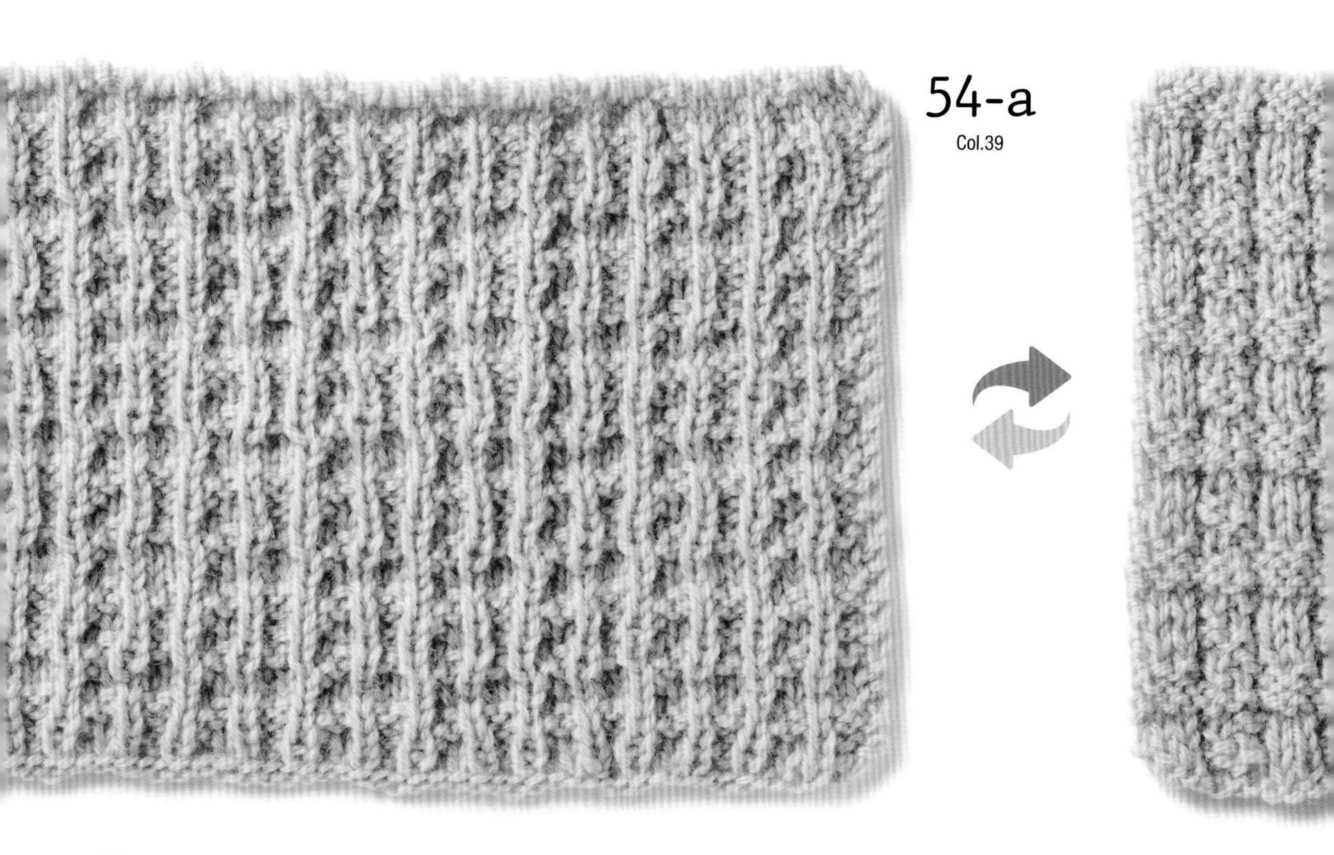

53-b

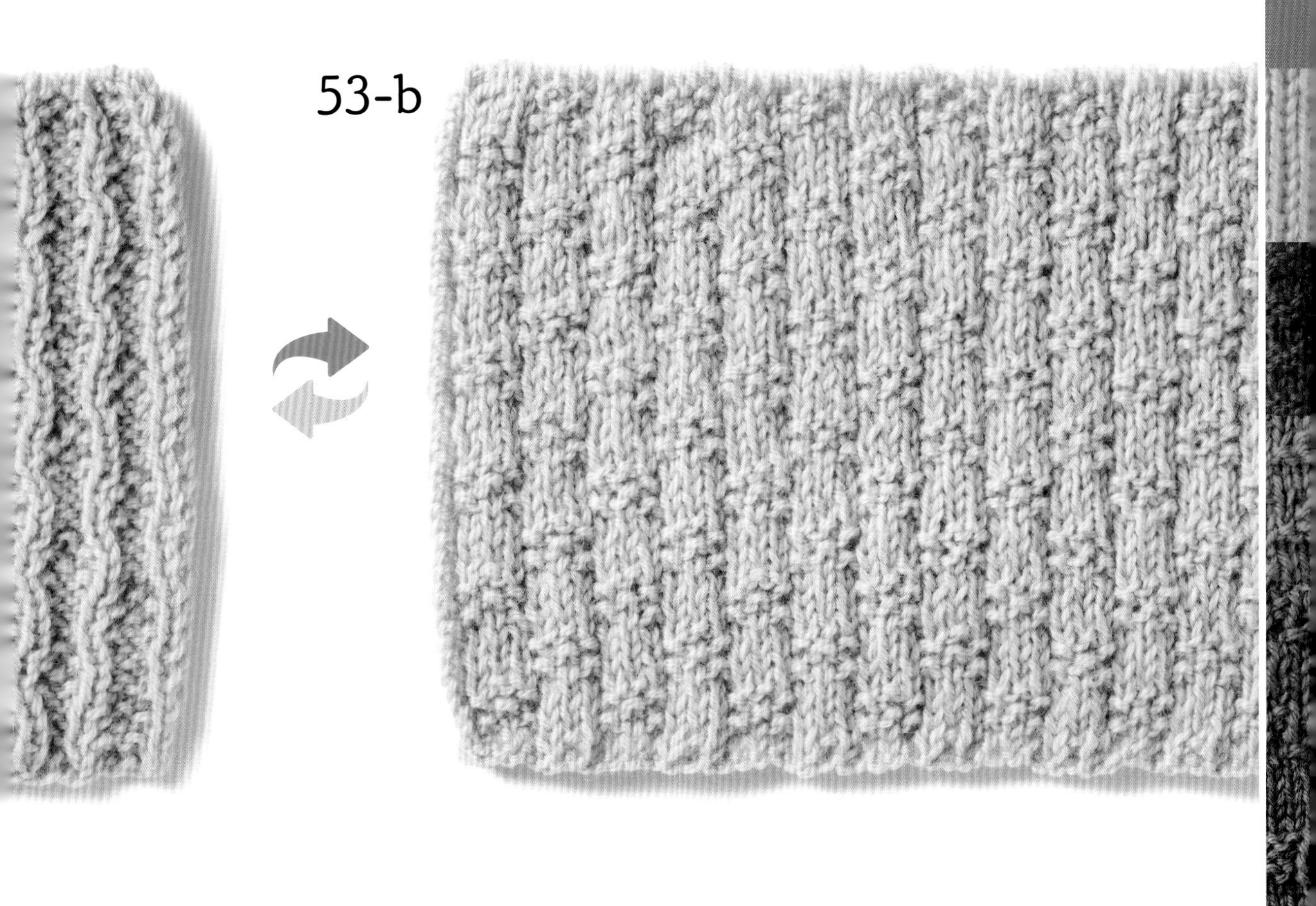

54-b

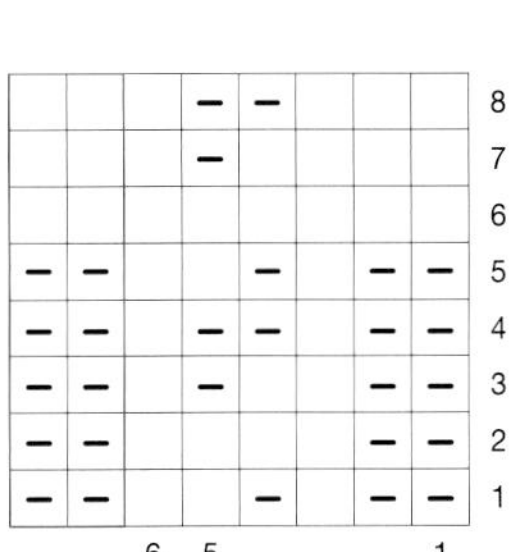

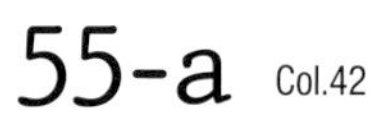

55-a Col.42

		–	–	–	–			8
		–	–	–	–			7
–	–					–	–	6
–	–					–	–	5
–	–					–	–	4
–	–					–	–	3
–	–					–	–	2
–	–					–	–	1
	6	5					1	

55-b

56-a Col.42

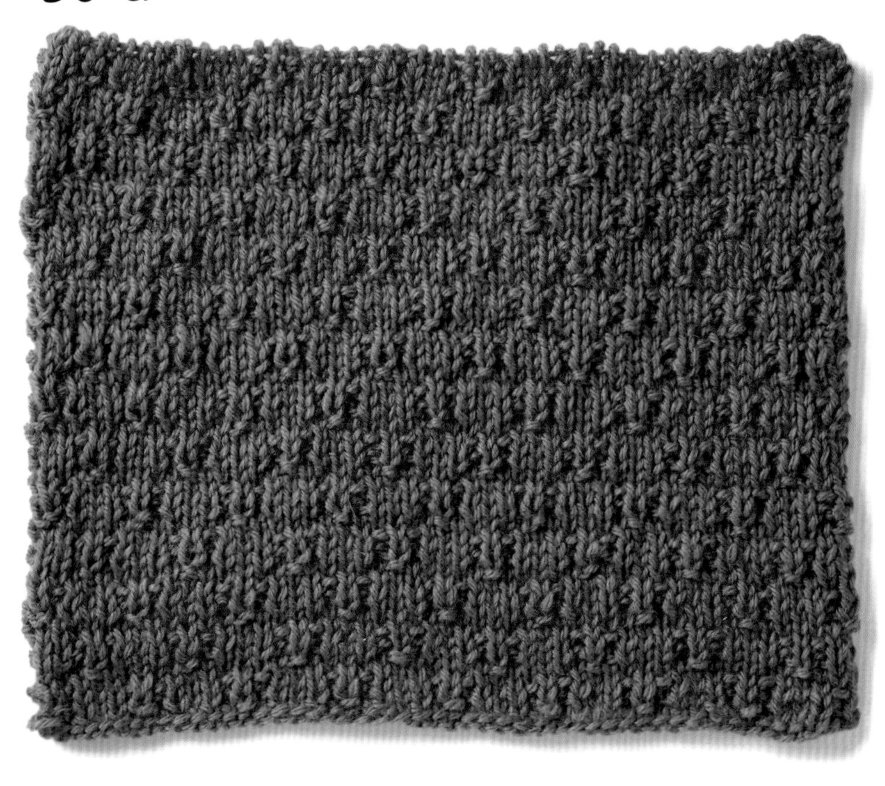

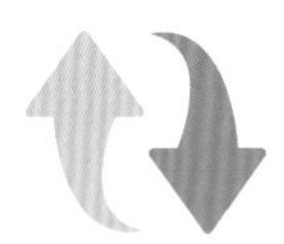

		–		–			8
		–		–			7
			–				6
							5
	–				–		4
	–				–		3
–						–	2
							1
	6	5				1	

56-b

57

Col.111

	–						–		8
		–				–			7
			–		–				6
				–					5
			–		–				4
		–				–			3
	–						–		2
–								–	1
	8			5				1	

58

Col.110

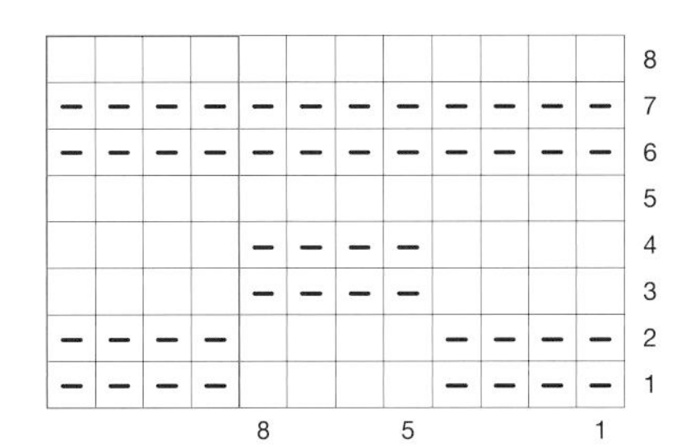

												8
–	–	–	–	–	–	–	–	–	–	–	–	7
–	–	–	–	–	–	–	–	–	–	–	–	6
												5
				–	–	–	–					4
				–	–	–	–					3
–	–	–	–					–	–	–	–	2
–	–	–	–					–	–	–	–	1
				8			5				1	

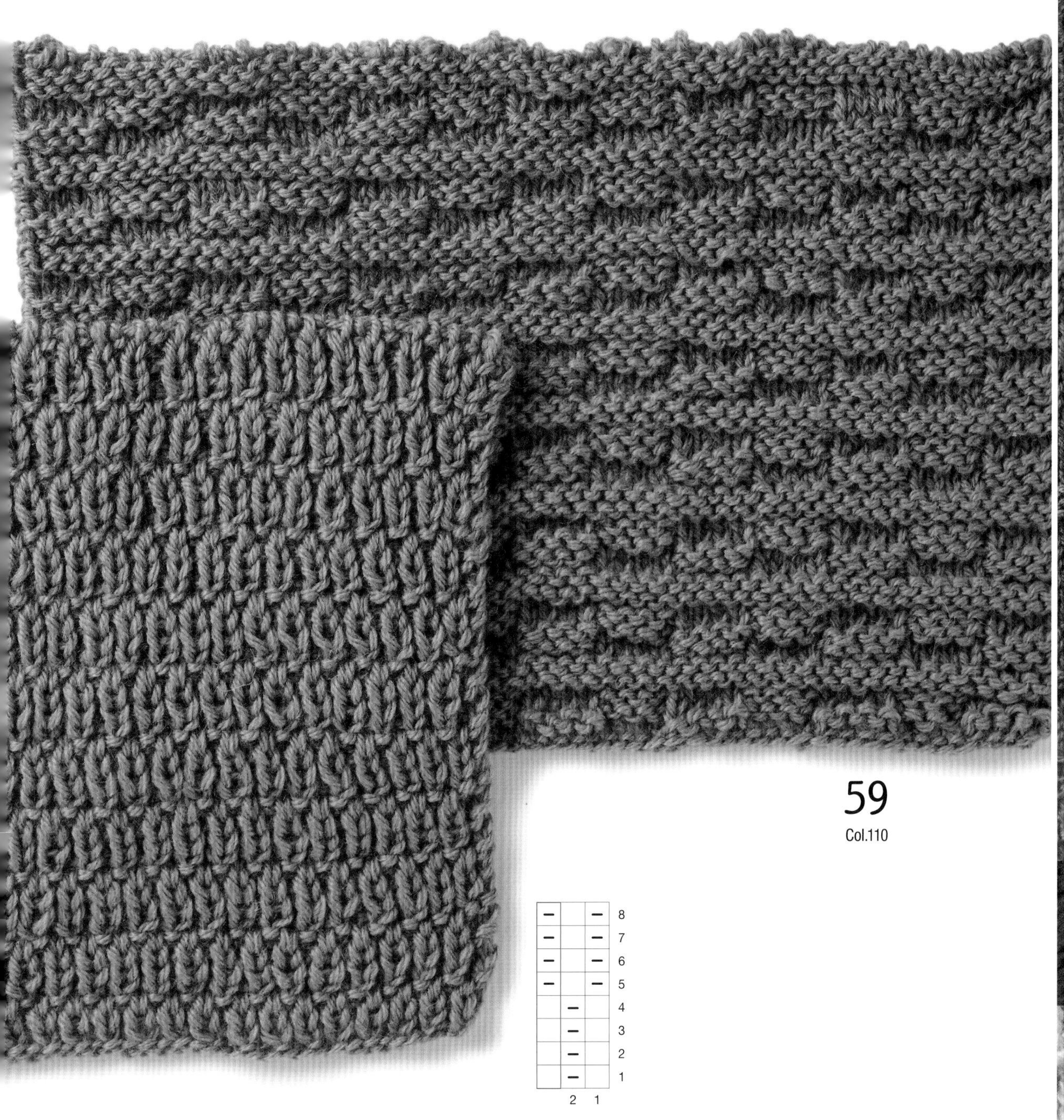

59

Col.110

–		–	8
–		–	7
–		–	6
–		–	5
	–		4
	–		3
	–		2
	–		1
	2	1	

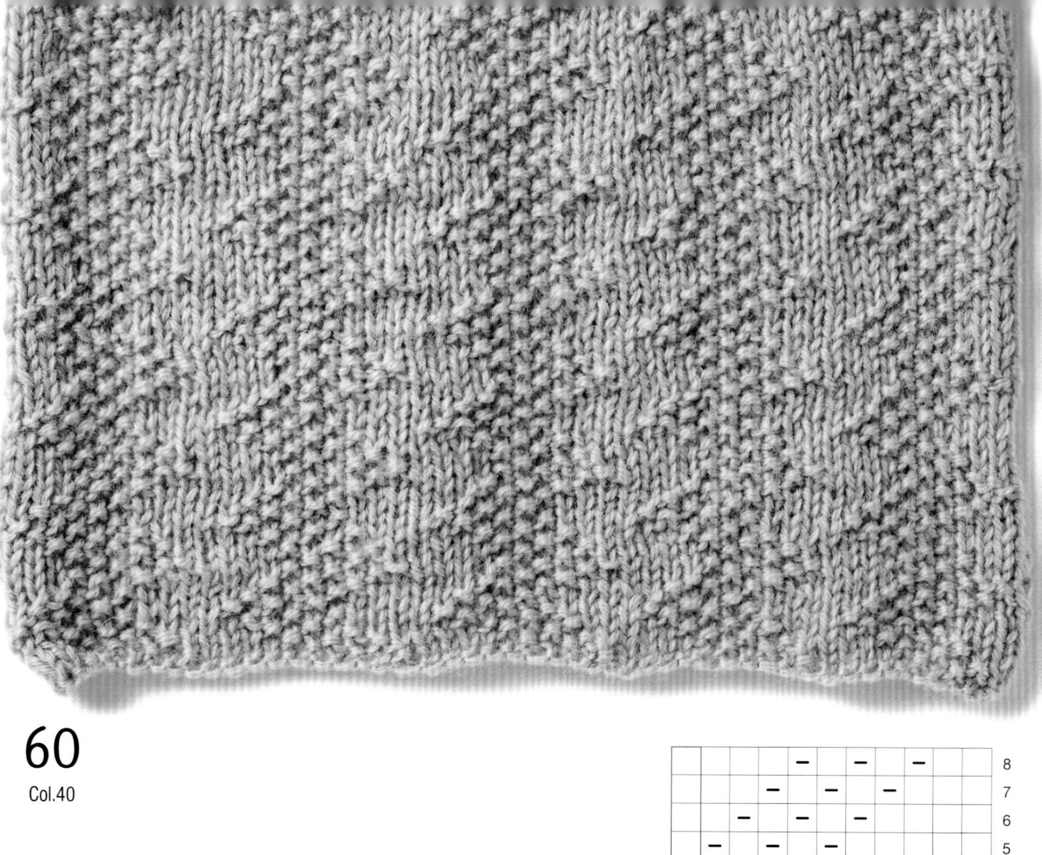

60
Col.40

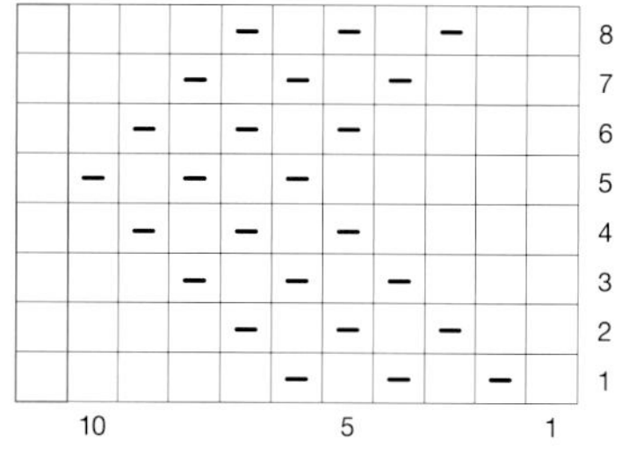

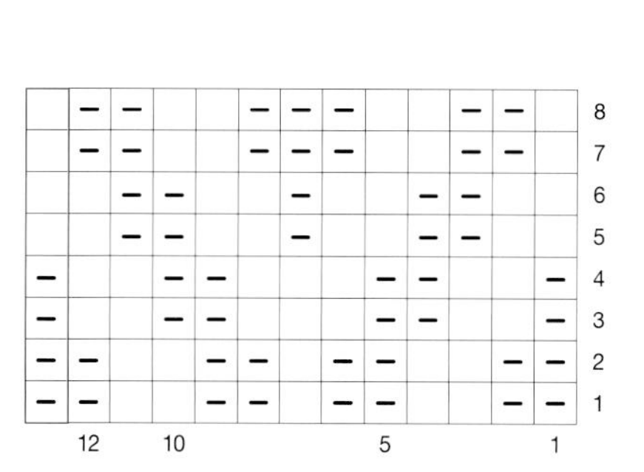

61
Col.40

62
Col.25

–		–						–		–	8
	–								–		7
–					–					–	6
				–		–					5
			–		–		–				4
				–		–					3
–					–					–	2
	–								–		1
	10					5				1	

63
Col.22

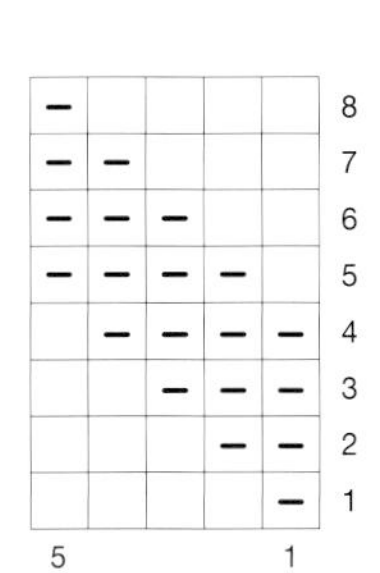

64
Col.22

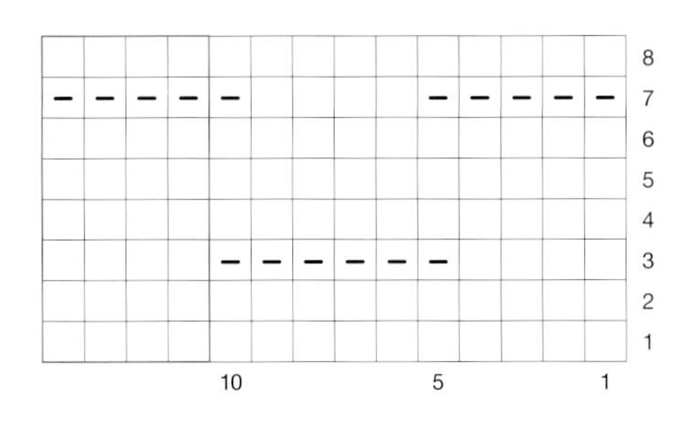

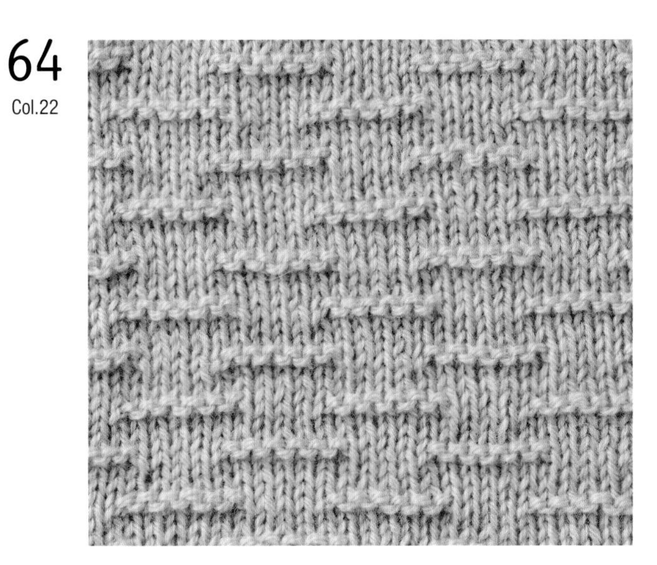

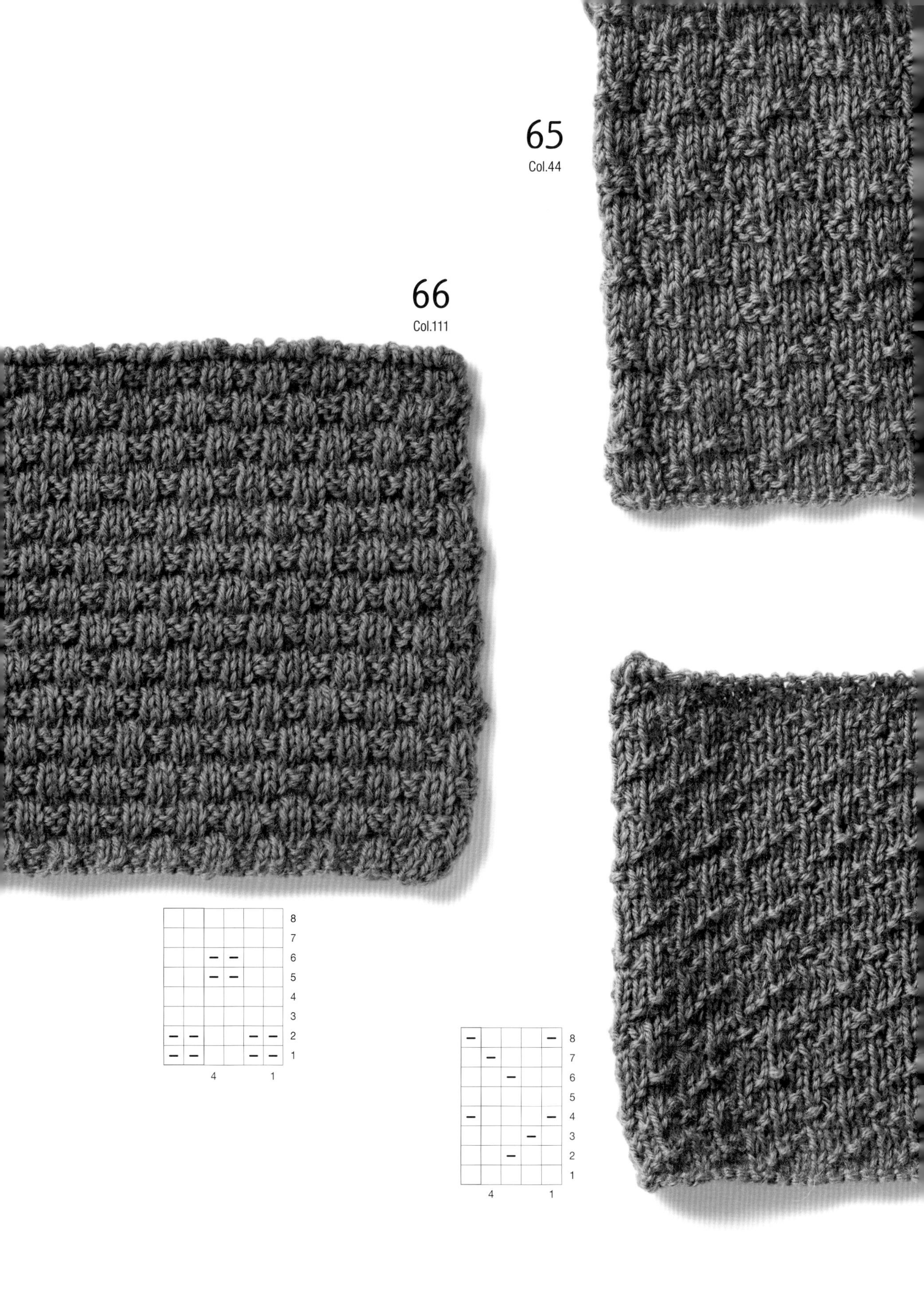
65
Col.44
66
Col.111
8
7
6
5
4
3
2
1
4
1
8
7
6
5
4
3
2
1
4
1

67
Col.42

68
Col.44

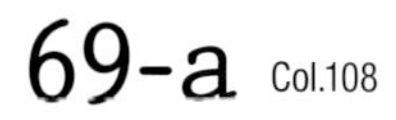

拉

69-b

	8	7	6	5	4	3	2	1	
		–	–		–	–			8
		–	–		–	–			7
		–	–		–	–			6
		–	–		–	–			5
	–	–				–	–		4
	–	–				–	–		3
	–	–				–	–		2
	–	–				–	–		1

10行

这里介绍的是 10 行组成 1 个编织花样的针法。
共有 7 种编织花样。

70

Col.24

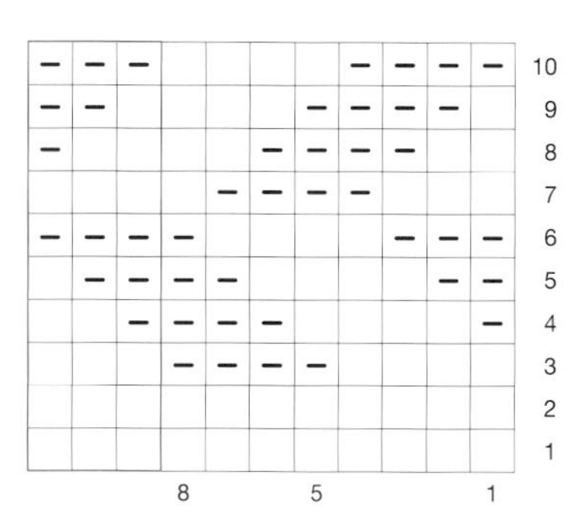

71

Col.24

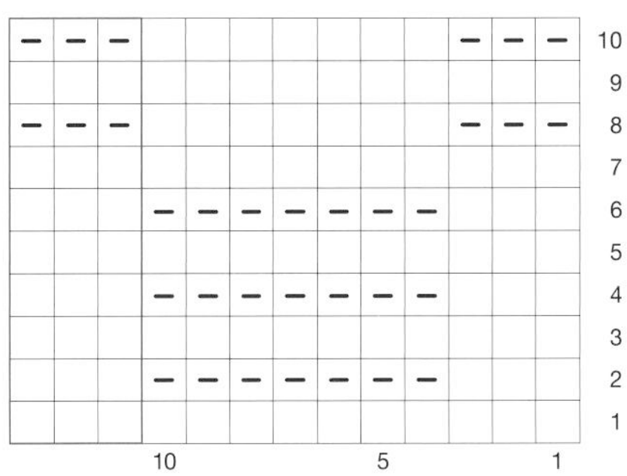

72-a

Col.121

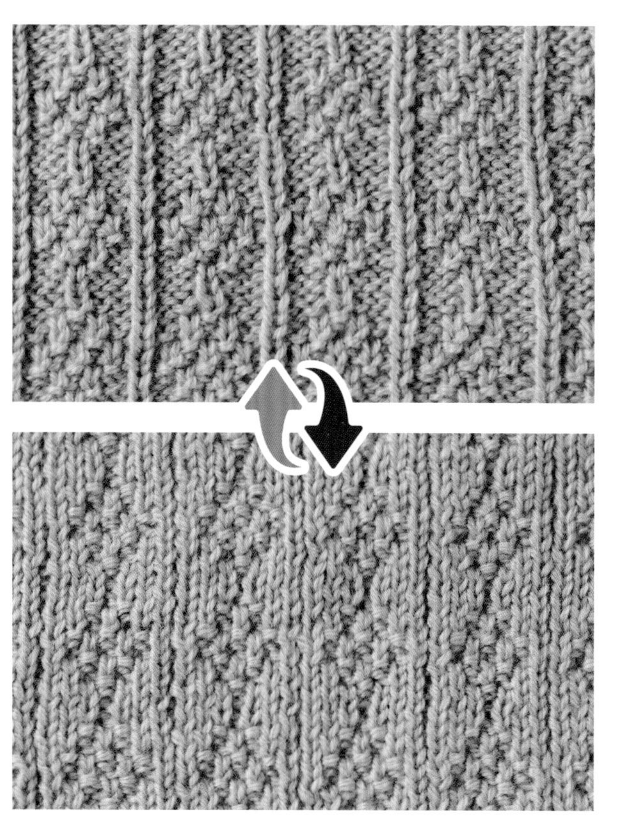

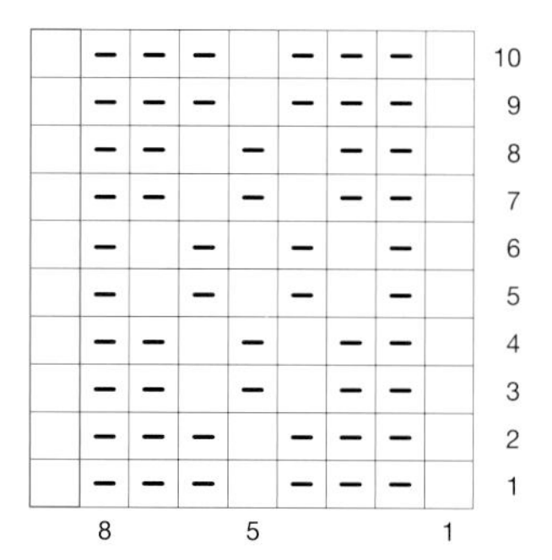

72-b

73-a

Col.121

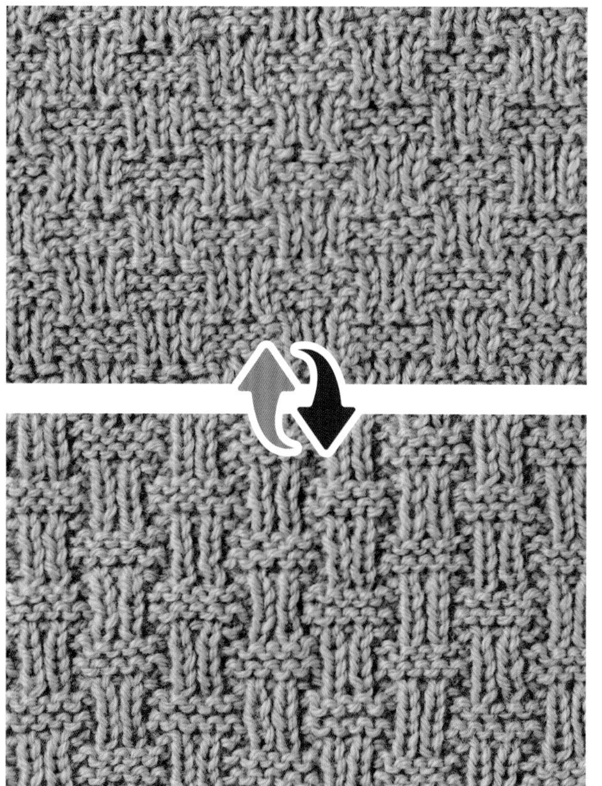

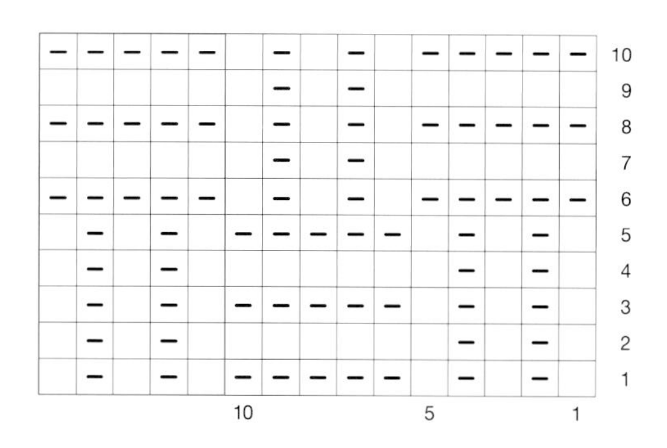

73-b

74-a Col.121

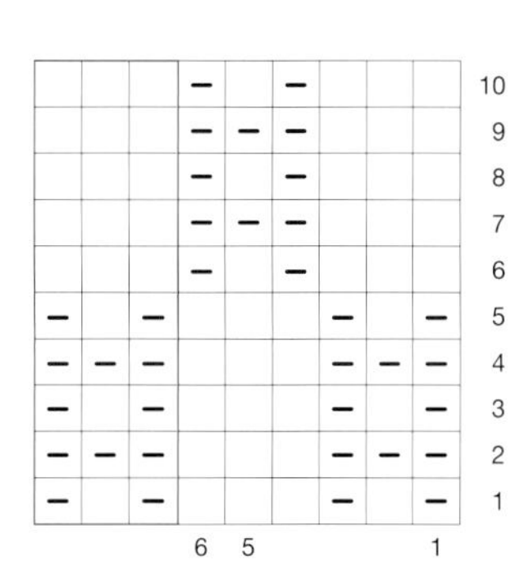

74-b

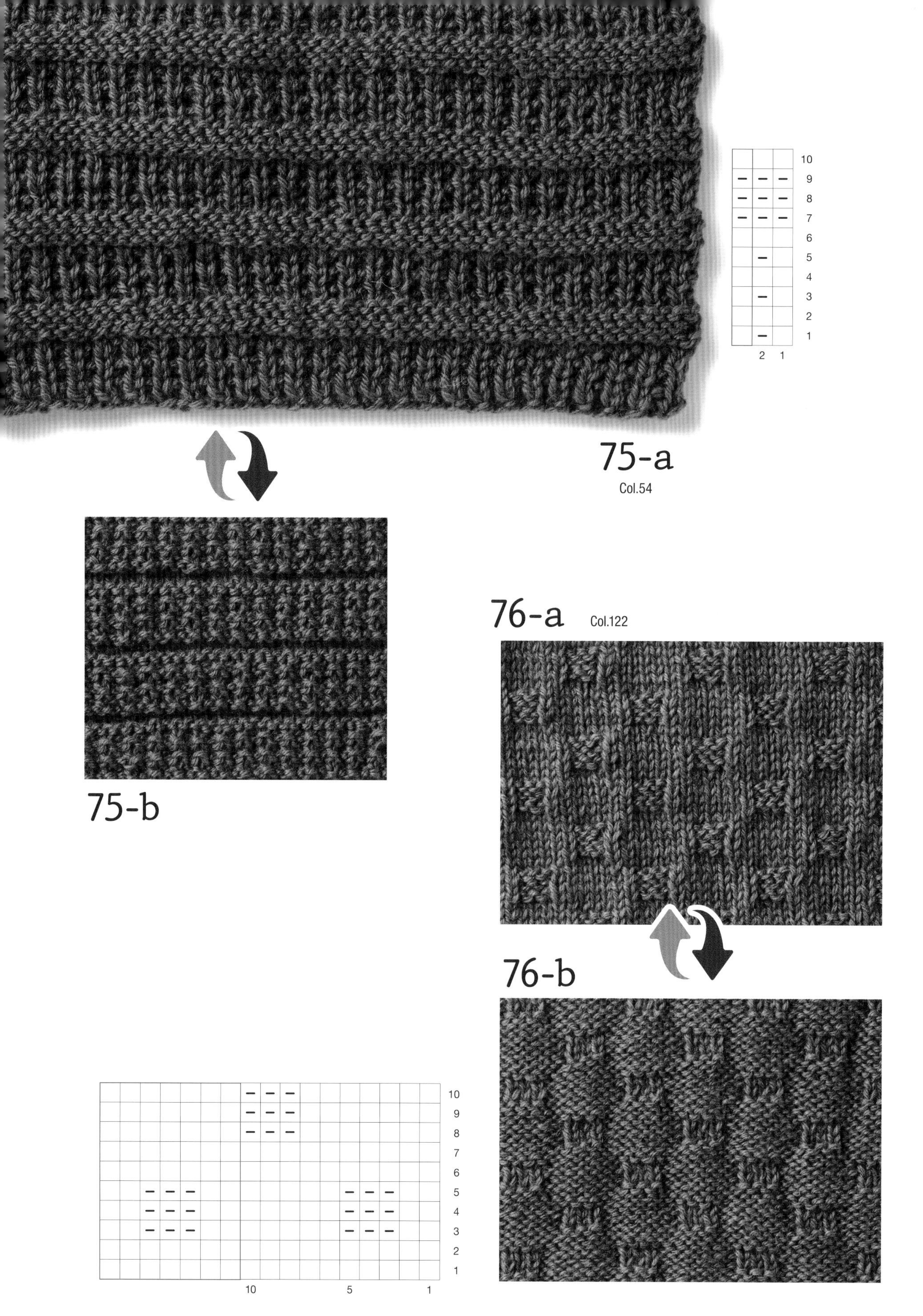
75-a
Col.54
75-b
76-a
Col.122
76-b
10
9
8
7
6
5
4
3
2
1
2 1
10 5 1

12行

这里介绍的是 12 行组成 1 个编织花样的针法。
编织花样变得丰富多彩了。

77-a Col.56

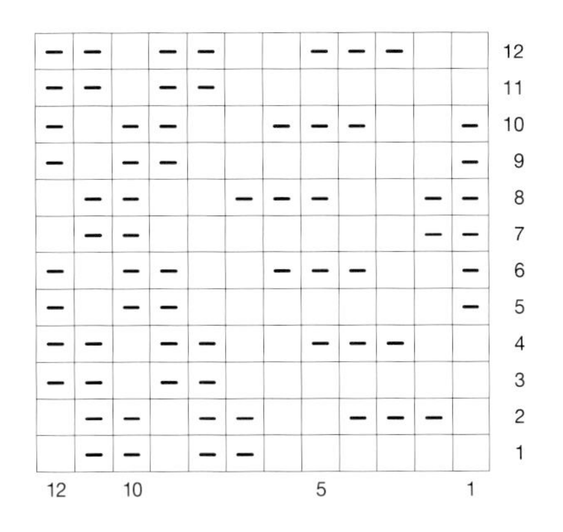

77-b

78

Col.113

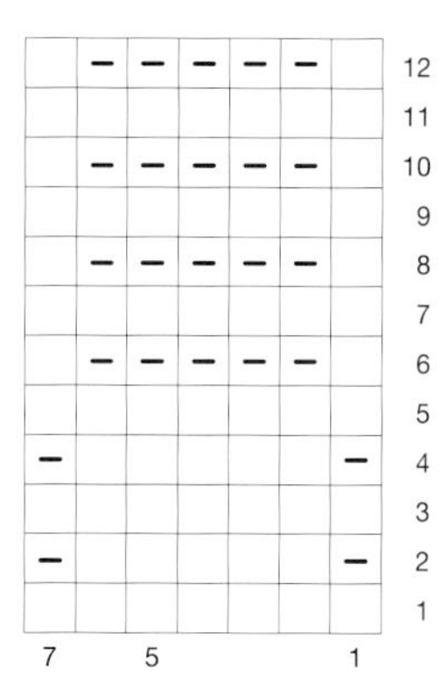

79

Col.53

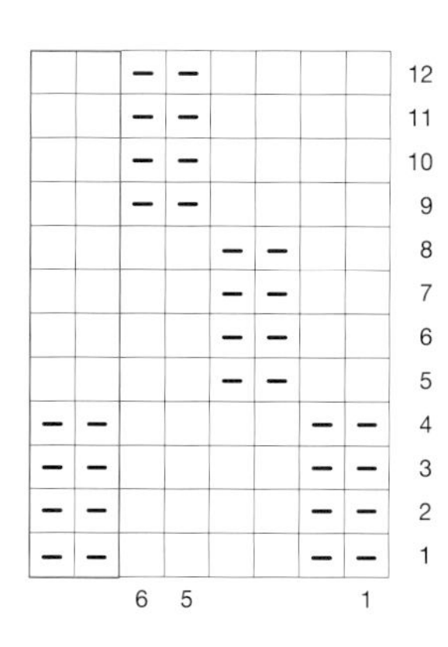

80

Col.55

	2	1	
–		–	12
			11
–		–	10
			9
–		–	8
			7
	–		6
			5
	–		4
			3
	–		2
			1

81

Col.53

	4			1	
–	–			–	12
–			–	–	11
–	–			–	10
–			–	–	9
–	–			–	8
–			–	–	7
		–	–		6
	–	–			5
		–	–		4
	–	–			3
		–	–		2
	–	–			1

82-a Col.60

		–			–		–		–			–			12
		–			–		–		–			–			11
		–				–		–				–			10
		–				–		–				–			9
	–		–				–				–		–		8
	–		–				–				–		–		7
–		–		–			–			–		–		–	6
–		–		–			–			–		–		–	5
	–		–				–				–		–		4
	–		–				–				–		–		3
		–				–		–				–			2
		–				–		–				–			1
					10					5				1	

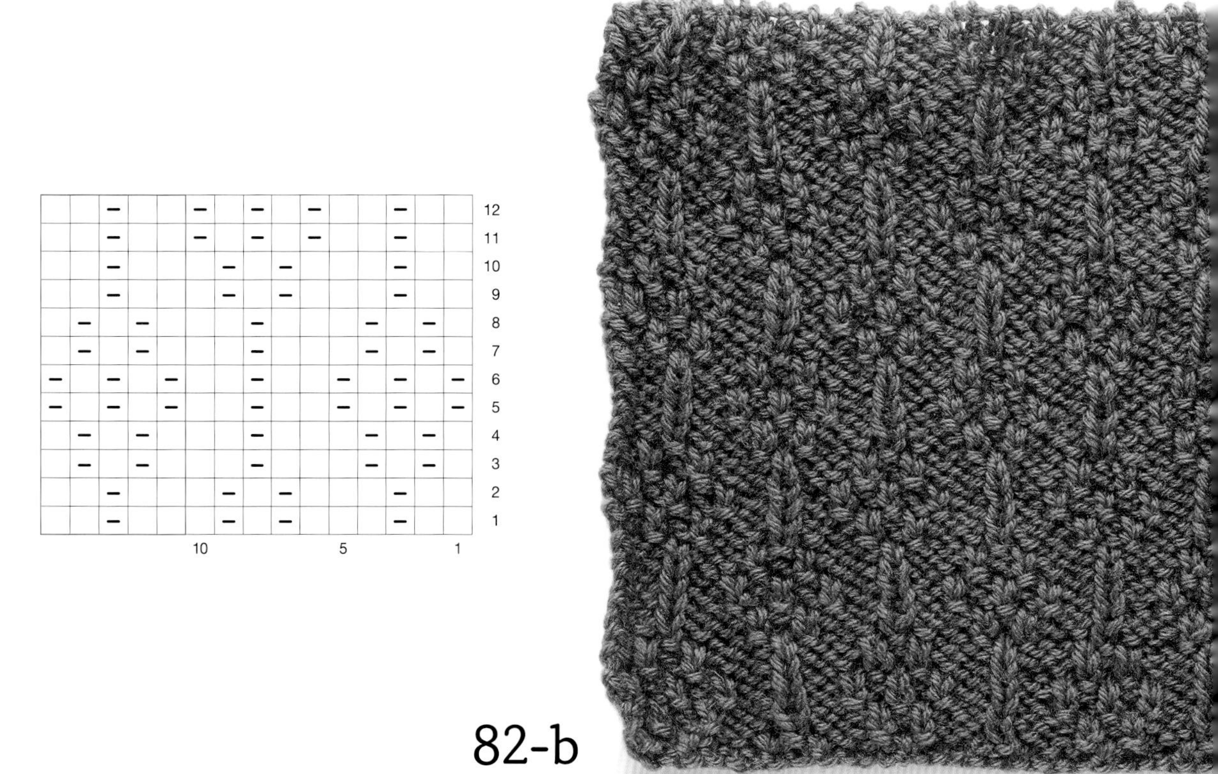

82-b

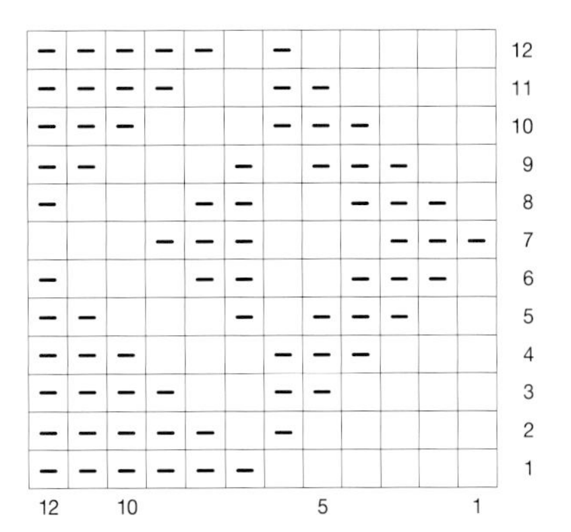

83

Col.60

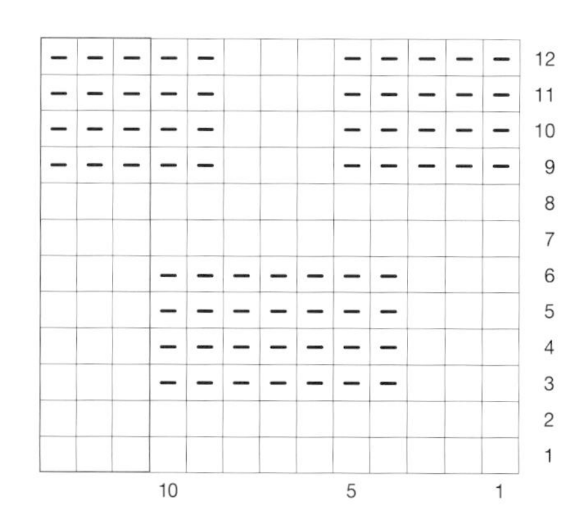
12
11
10
9
8
7
6
5
4
3
2
1
10
5
1

84-a

Col.55

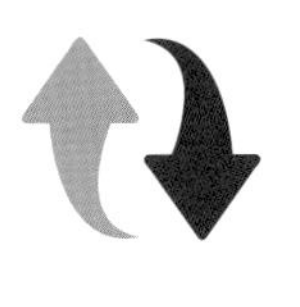

84-b

85-a Col.60

6	5	4	3	2	1	
	–	–	–	–		12
	–	–	–	–		11
	–	–	–	–		10
	–	–	–	–		9
						8
						7
		–	–			6
		–	–			5
		–	–			4
		–	–			3
						2
						1

85-b

86-a Col.52

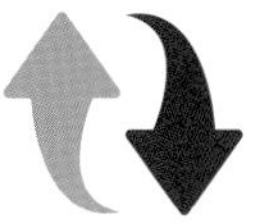

				–	–		12
				–	–		11
			–	–	–		10
			–	–	–		9
		–	–	–	–		8
		–	–	–	–		7
	–	–	–	–			6
	–	–	–	–			5
	–	–	–				4
	–	–	–				3
	–	–					2
	–	–					1
	6	5				1	

86-b

87-a Col.59

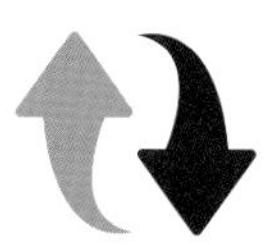

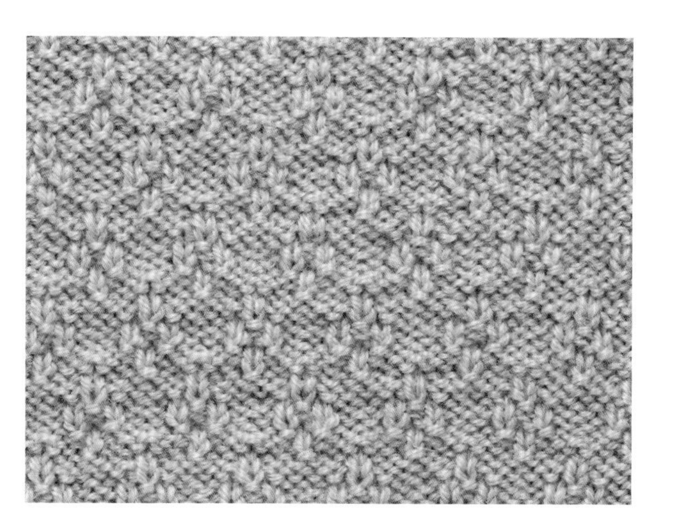

87-b

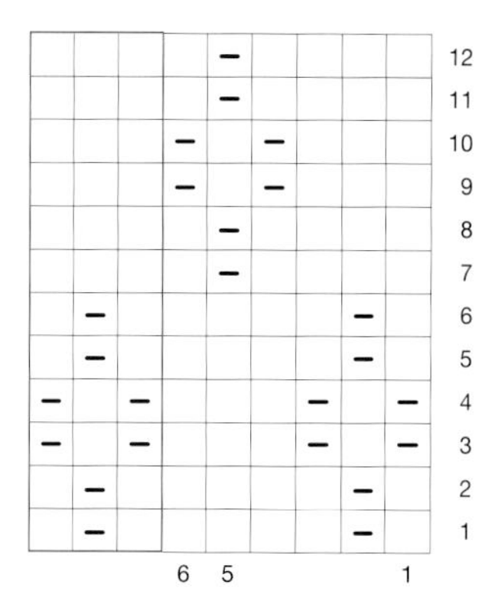

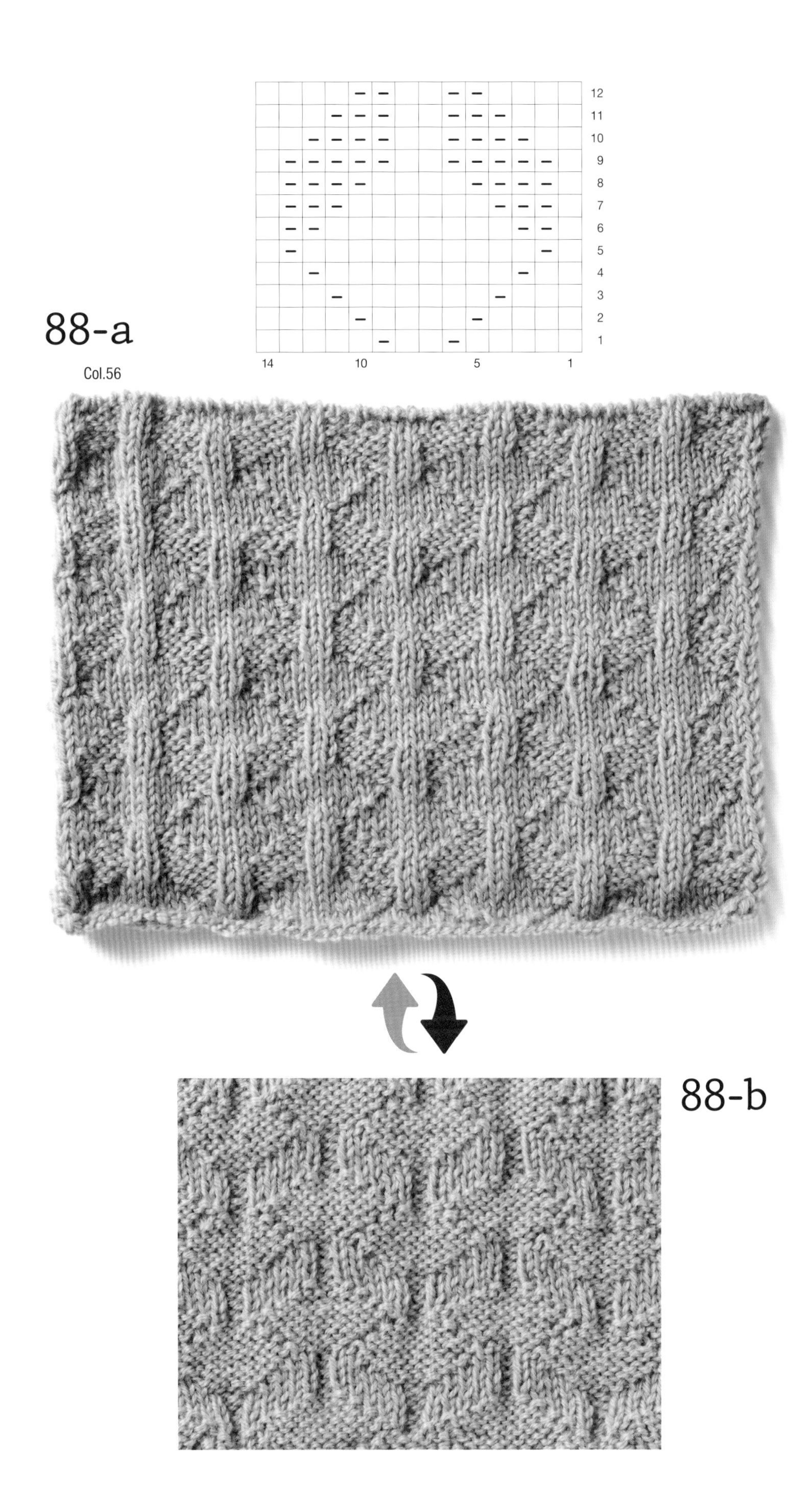
12
11
10
9
8
7
6
5
4
3
2
1
14
10
5
1
88-a
Col.56
88-b

89

Col.112

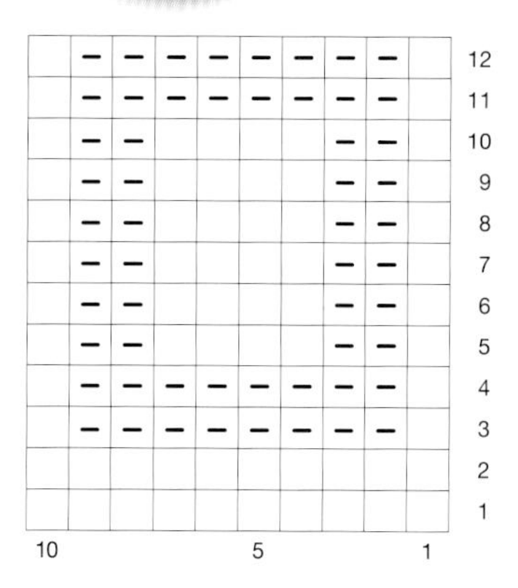

90

Col.52

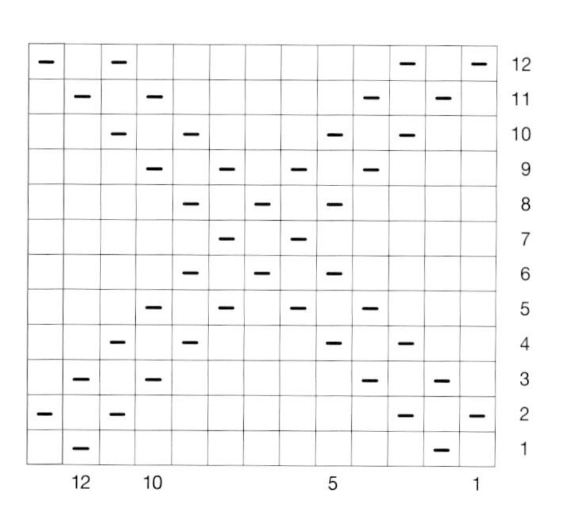

14~18行

这里介绍的是14~18行组成1个编织花样的针法。
出现了复杂的编织花样。

91-a Col.68

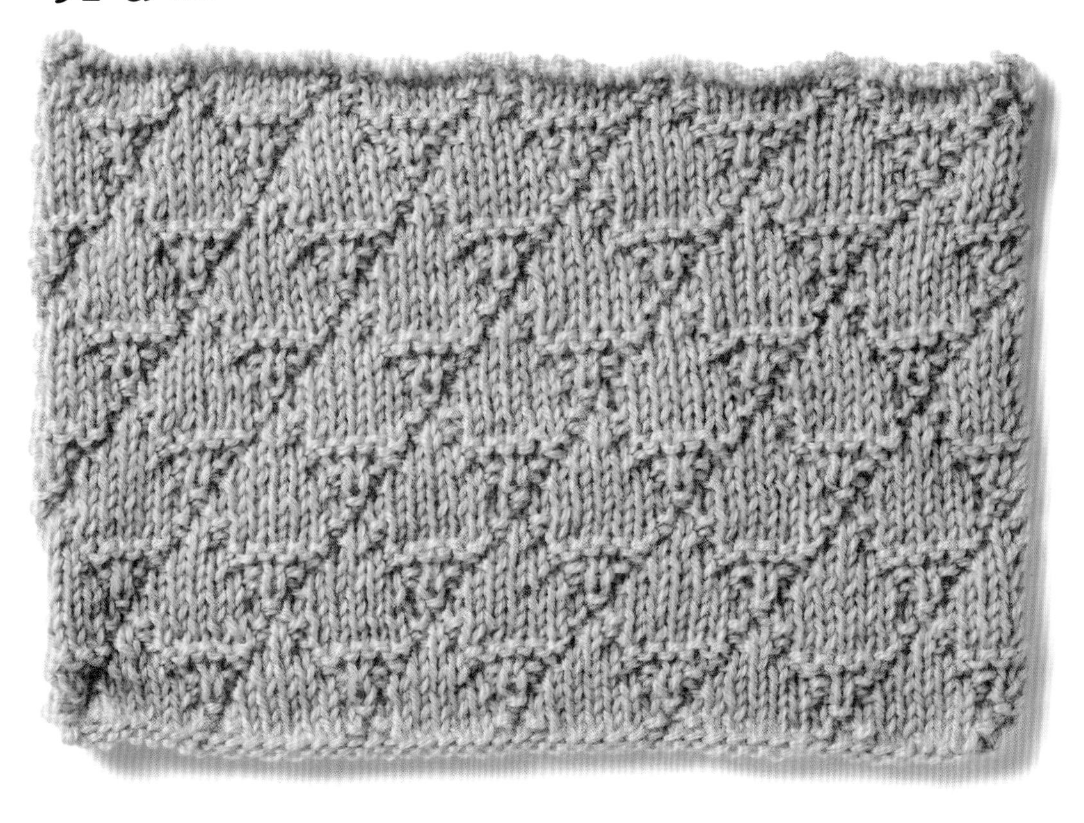

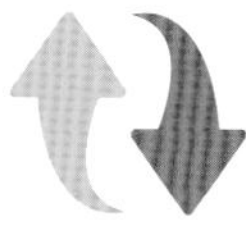

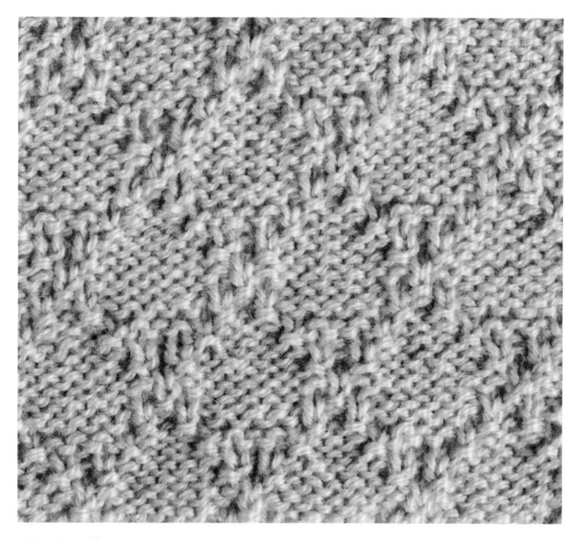

91-b

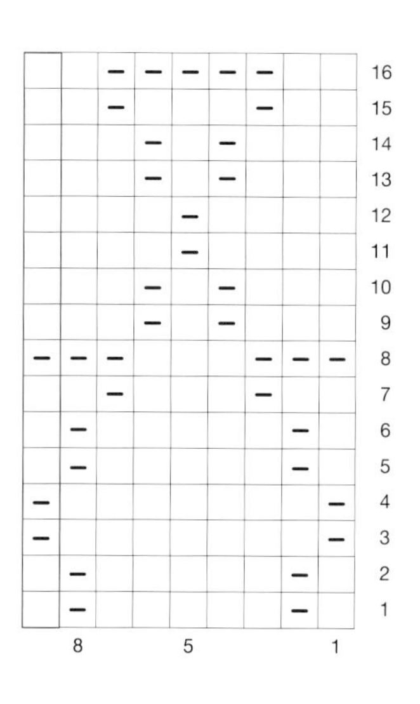

92-a Col.68

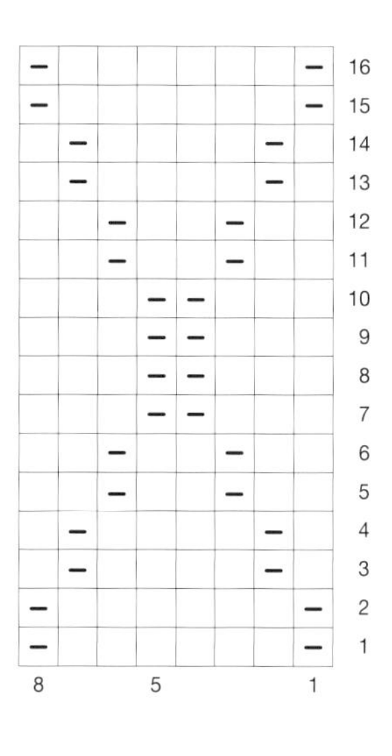

92-b

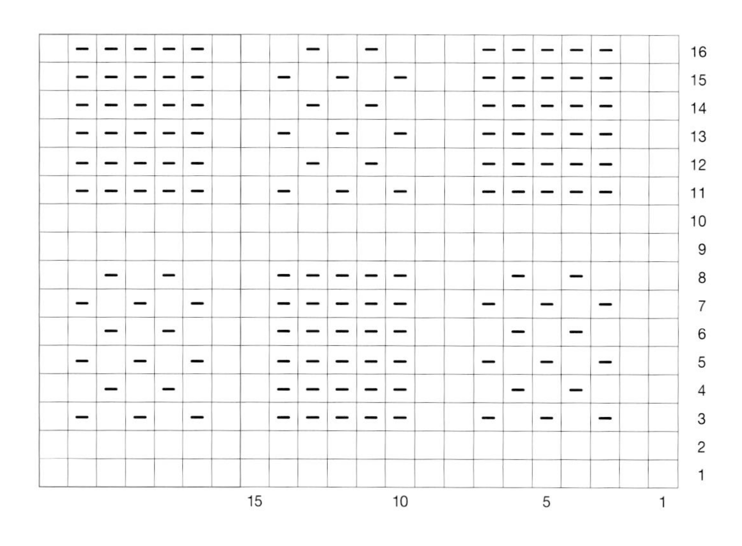

93

Col.67

94

Col.68

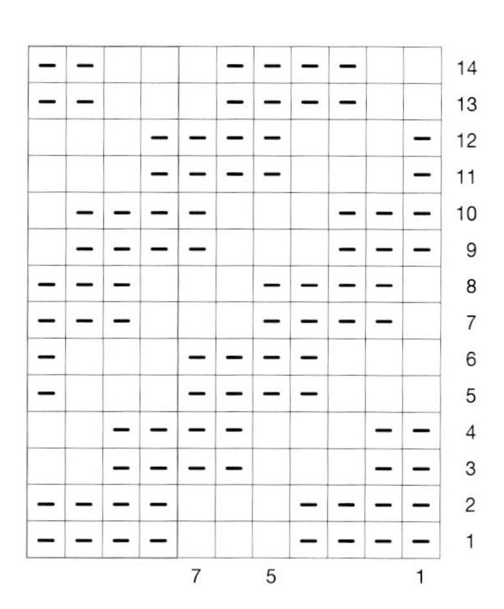

95

Col.68

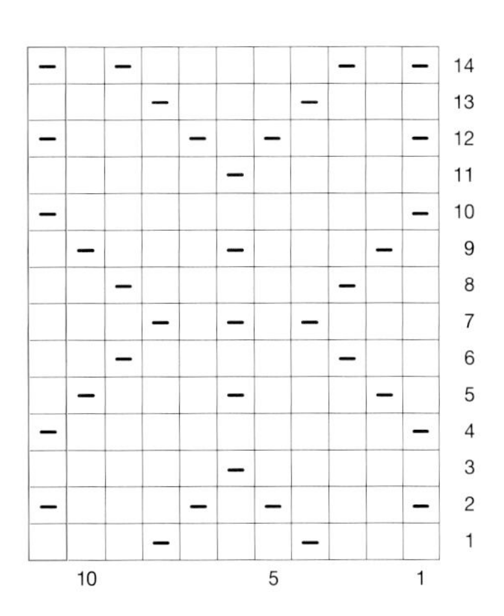

96-a Col.70

拉

96-b

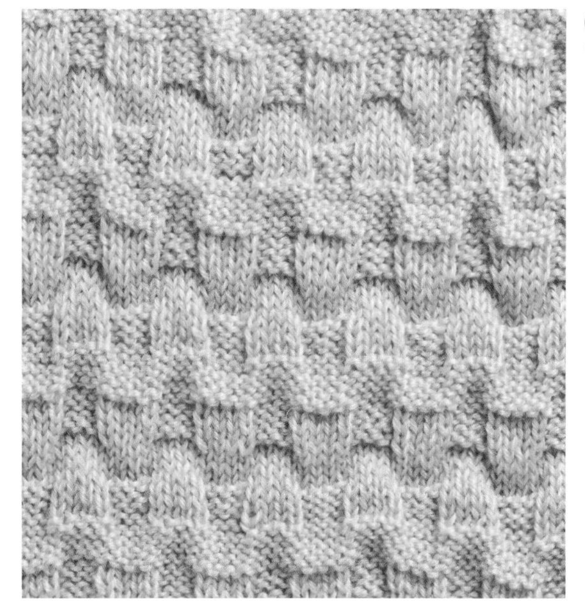

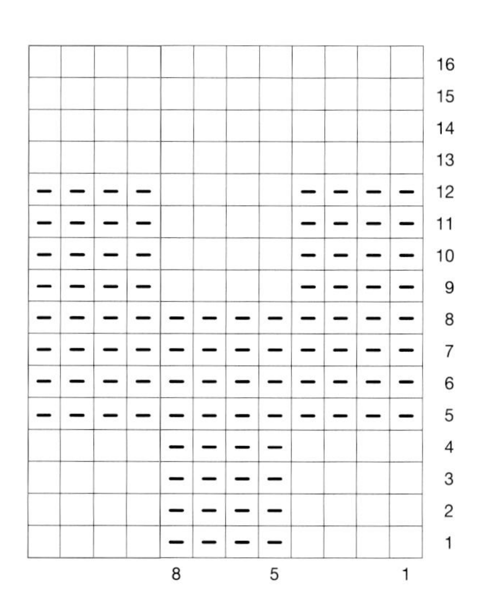

97-a Col.67

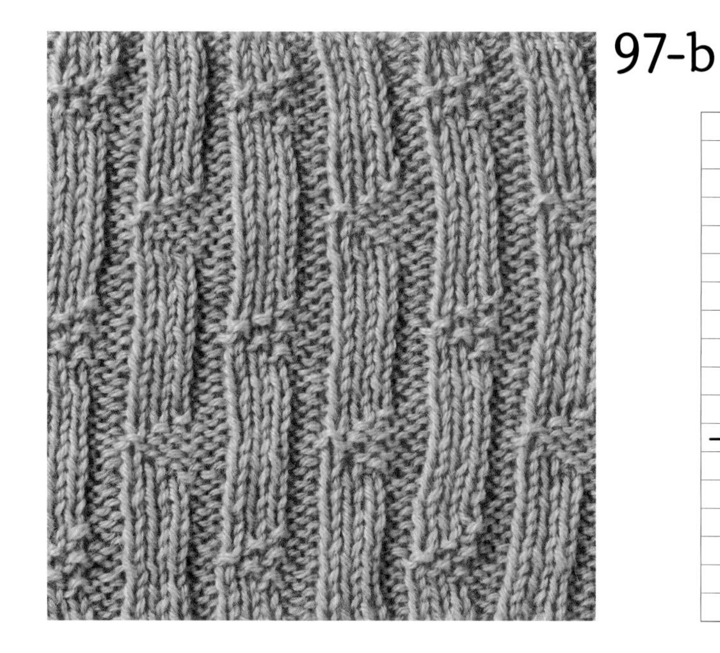

97-b

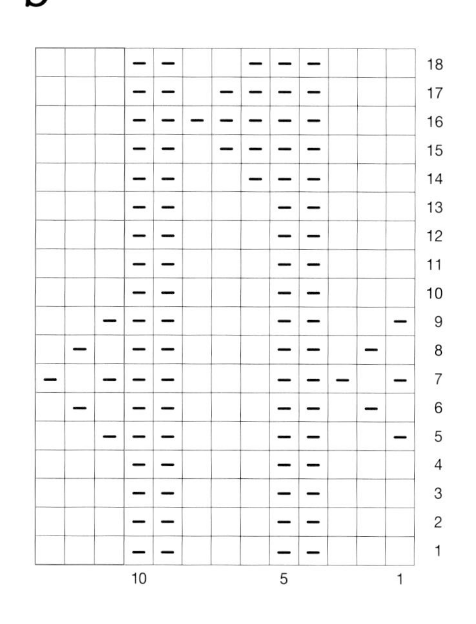

98

Col.72

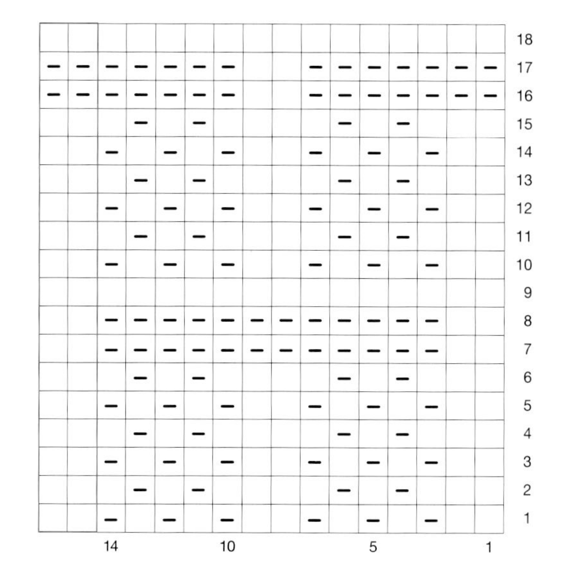

99

Col.69

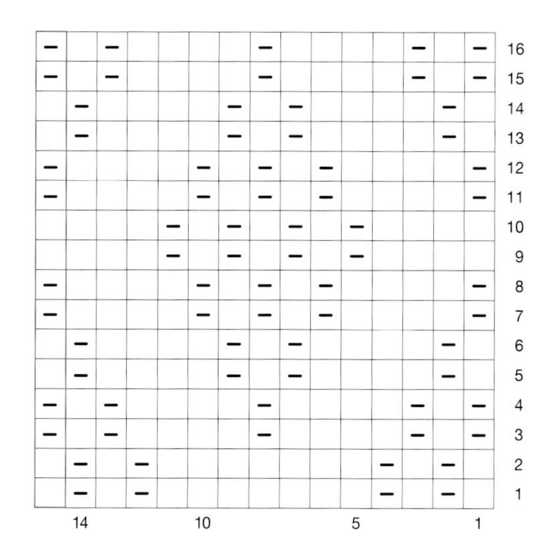

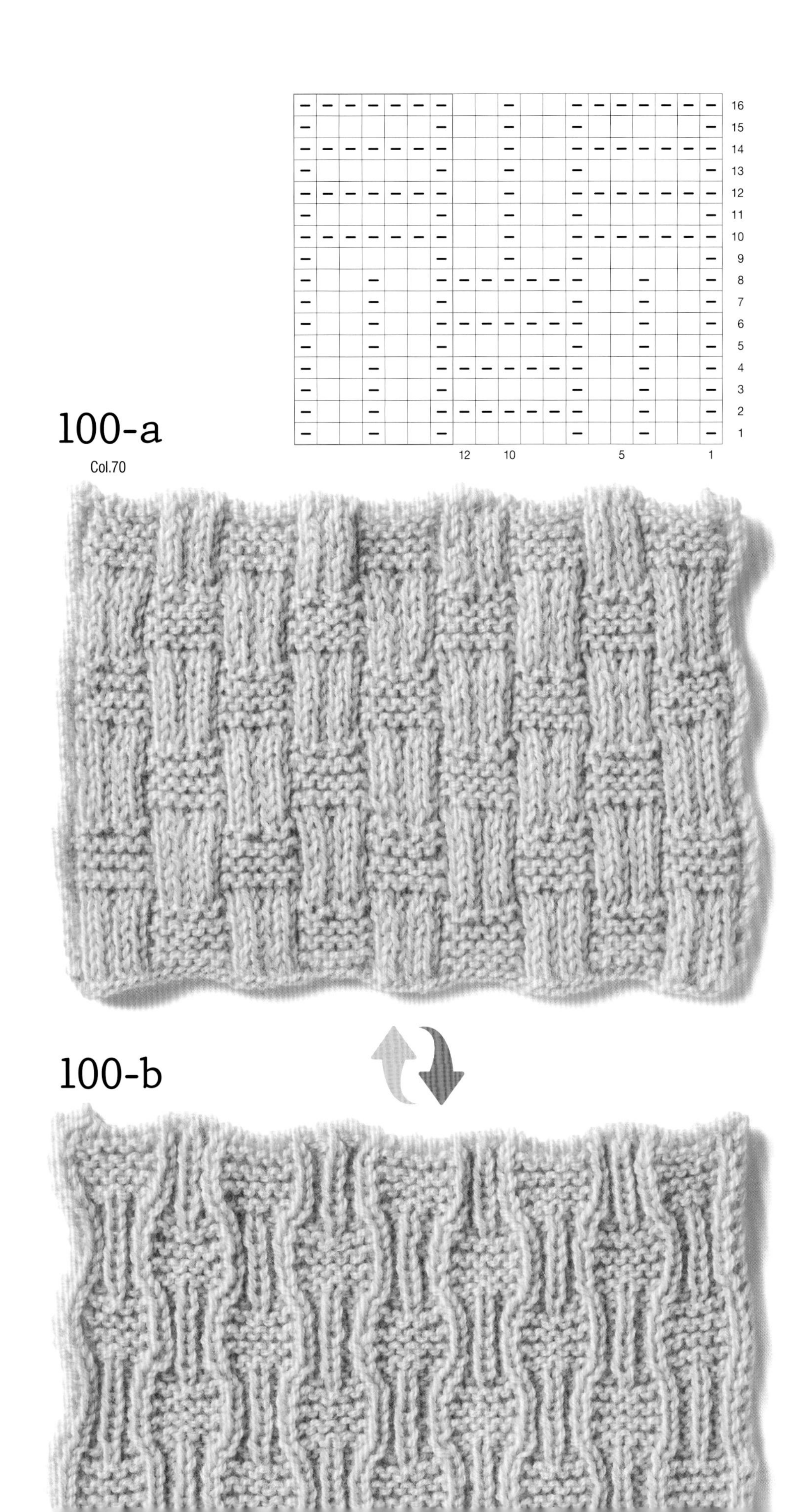
100-a
Col.70
16
15
14
13
12
11
10
9
8
7
6
5
4
3
2
1
12
10
5
1
100-b

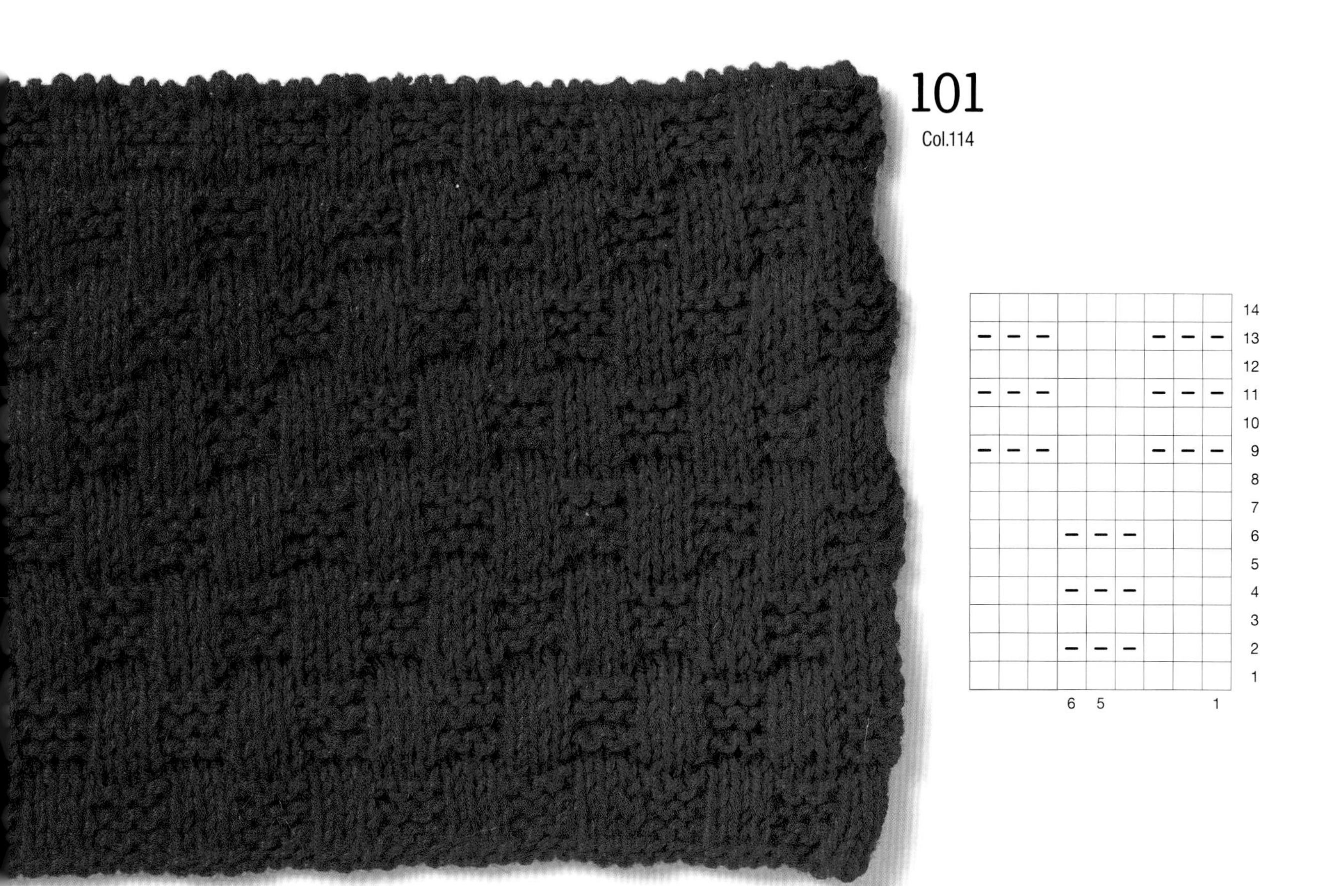

101

Col.114

	9	8	7	6	5	4	3	2	1	
										14
	–	–	–				–	–	–	13
										12
	–	–	–				–	–	–	11
										10
	–	–	–				–	–	–	9
										8
										7
				–	–	–				6
										5
				–	–	–				4
										3
				–	–	–				2
										1

102

Col.114

13	12	11	10	9	8	7	6	5	4	3	2	1	
–		–	–	–	–	–	–	–	–	–		–	14
			–	–	–	–	–	–	–				13
–		–	–	–	–	–	–	–	–	–		–	12
			–	–	–	–	–	–	–				11
–		–	–						–	–		–	10
			–						–				9
–		–	–						–	–		–	8
			–						–				7
–		–	–						–	–		–	6
			–						–				5
–		–	–						–	–		–	4
			–						–				3
–		–	–						–	–		–	2
			–						–				1

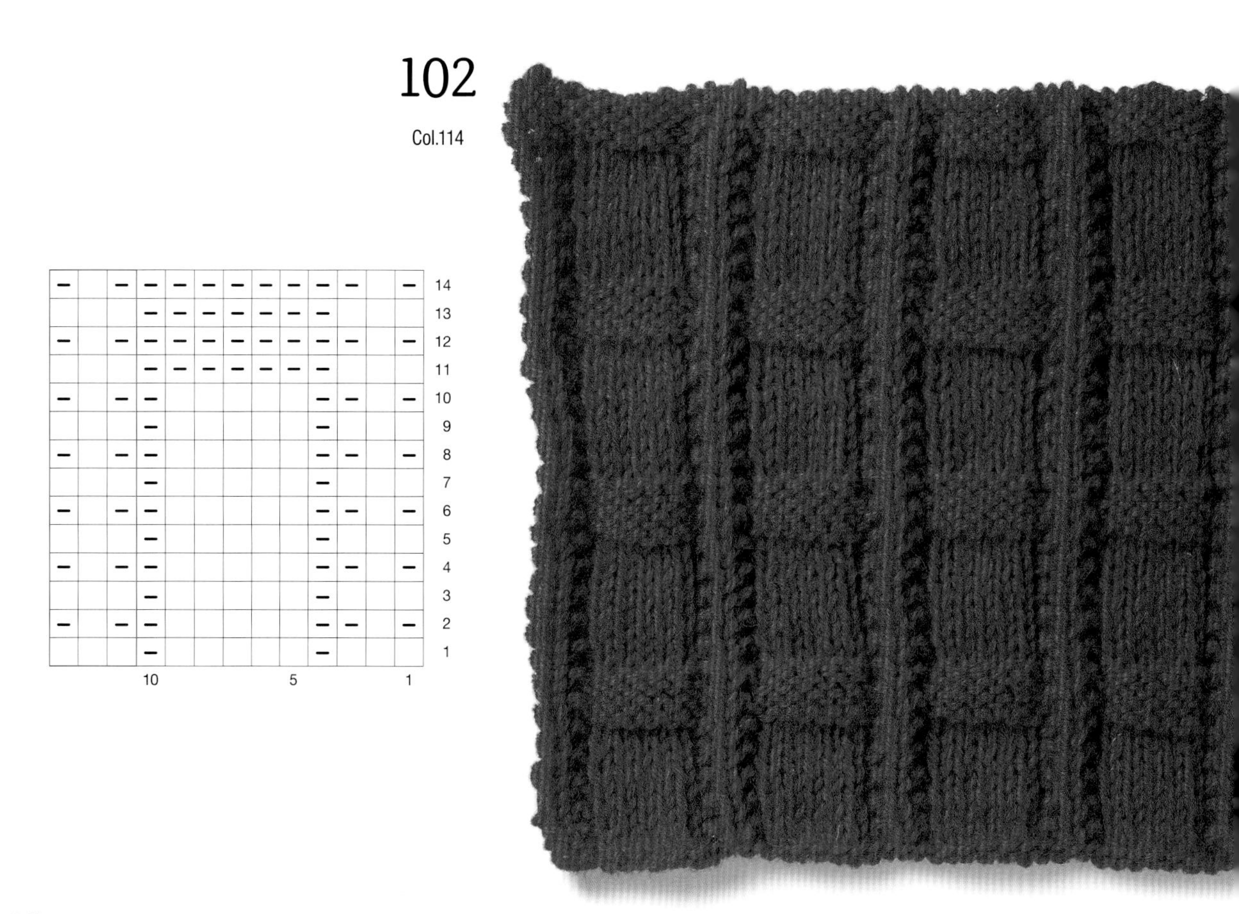

103

Col.114

6	5				1	
–	–				–	18
–	–				–	17
–	–				–	16
–				–	–	15
–				–	–	14
–				–	–	13
			–	–	–	12
			–	–	–	11
			–	–	–	10
		–	–	–		9
		–	–	–		8
		–	–	–		7
	–	–	–			6
	–	–	–			5
	–	–	–			4
–	–	–				3
–	–	–				2
–	–	–				1

104

Col.114

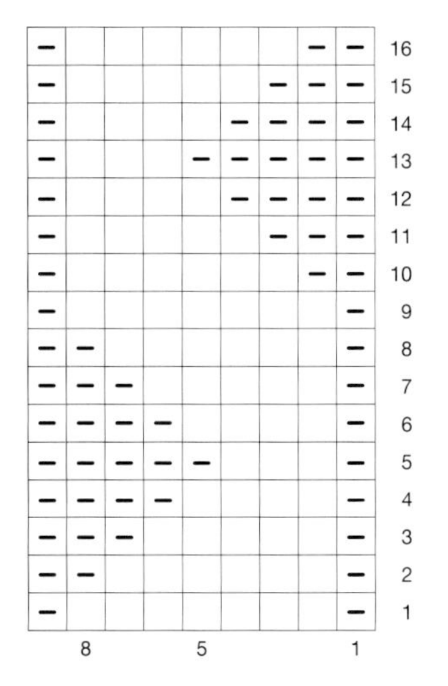

105
Col.72

106
Col.69

107
Col.72

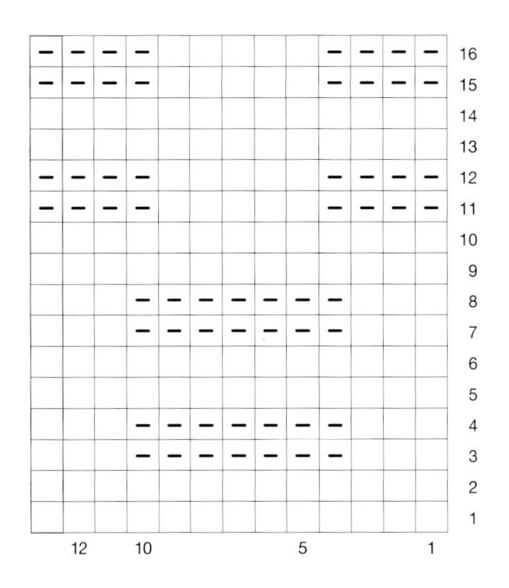

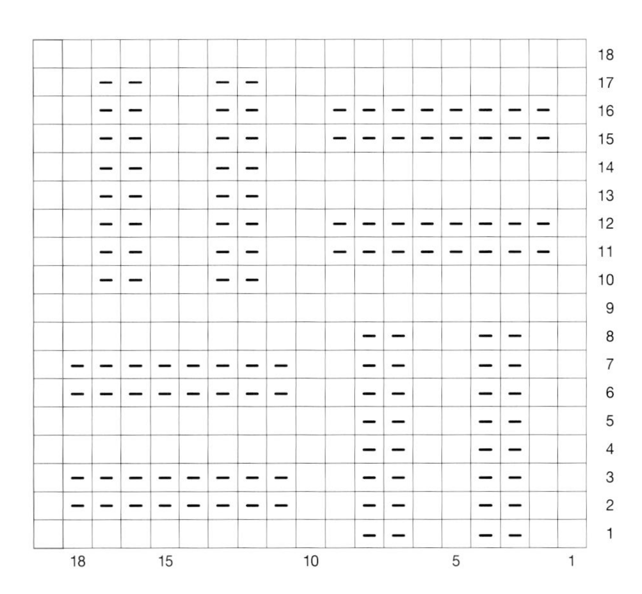

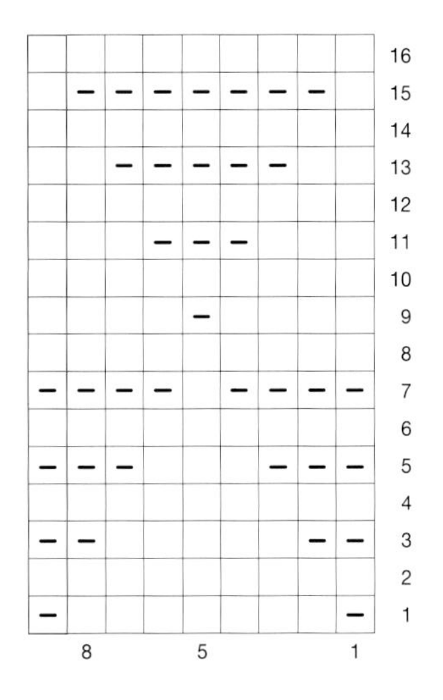

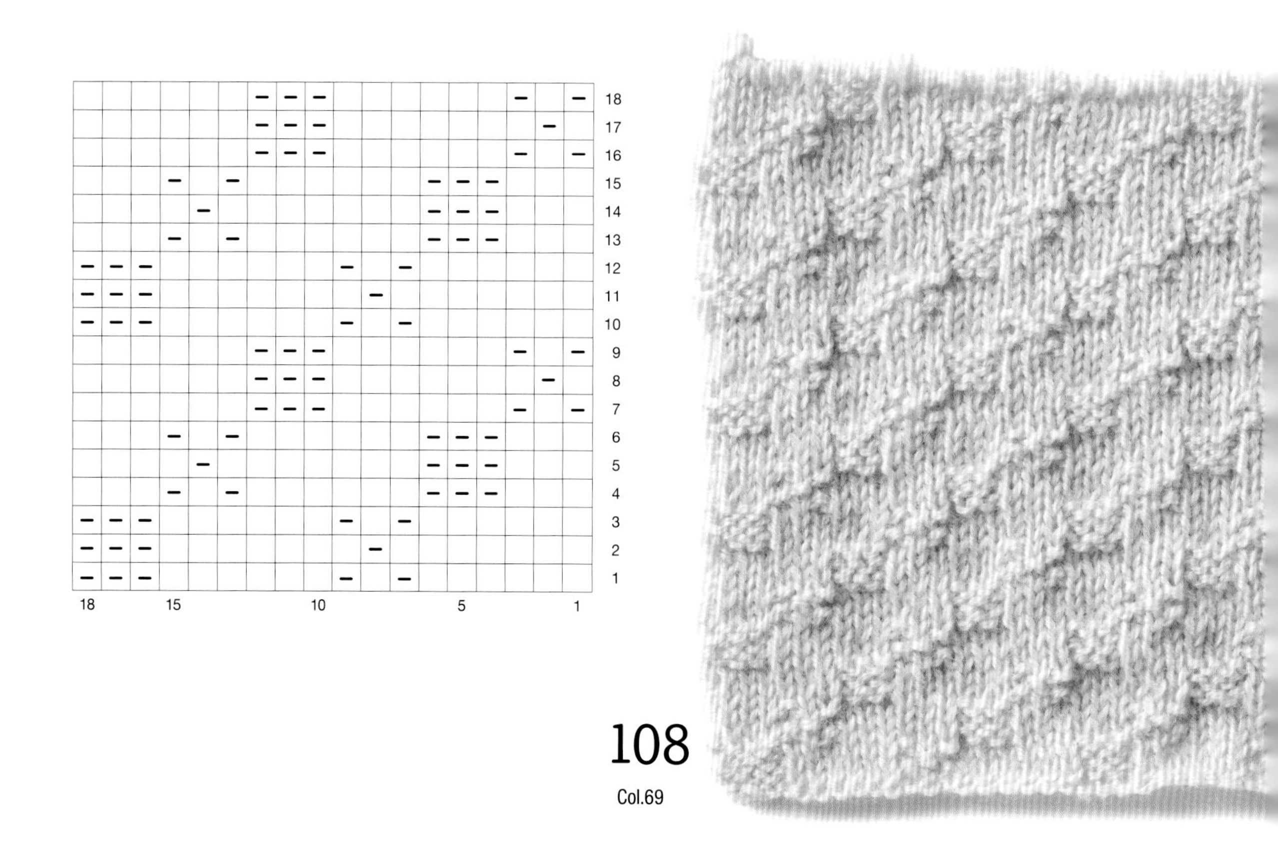

108

Col.69

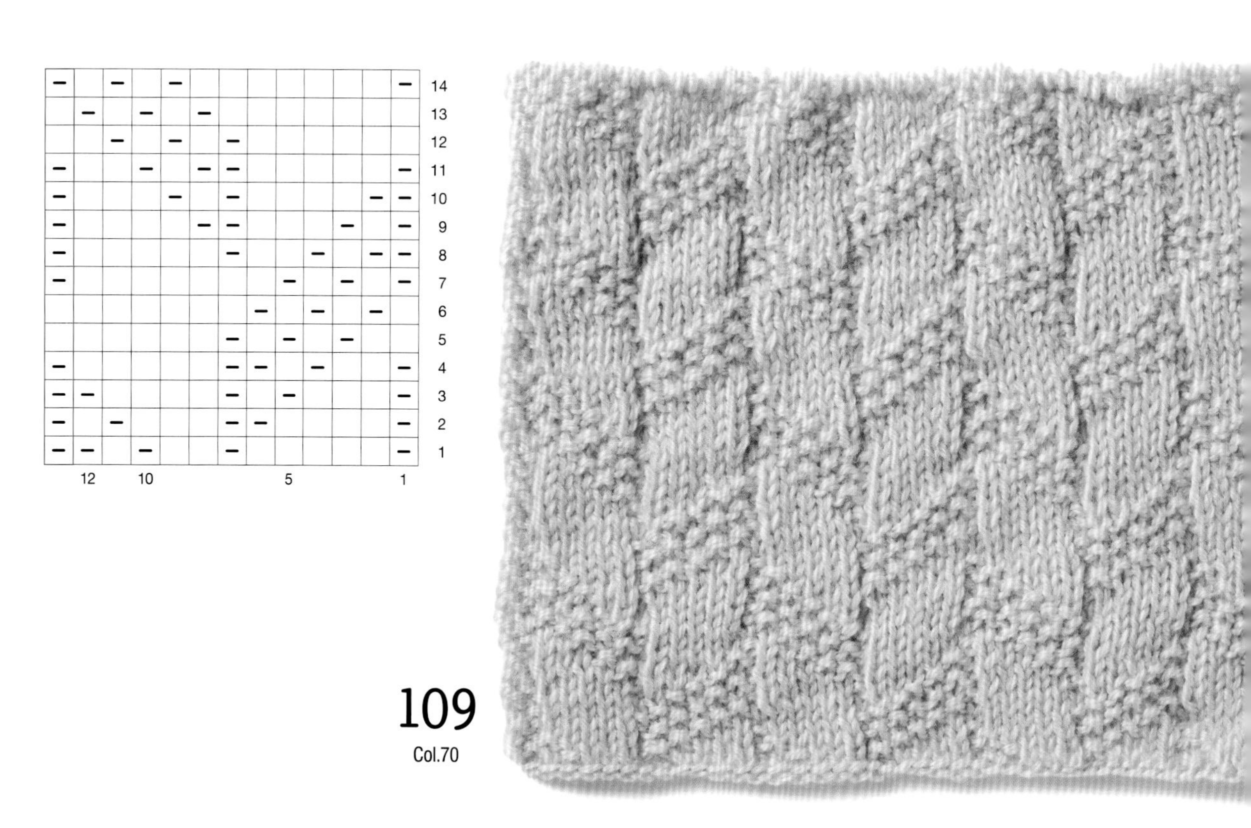

109

Col.70

20行及以上

这里介绍的是 20 行及以上组成 1 个编织花样的针法。
有些花样看起来很像配色编织。

110-a

Col.73

110-b

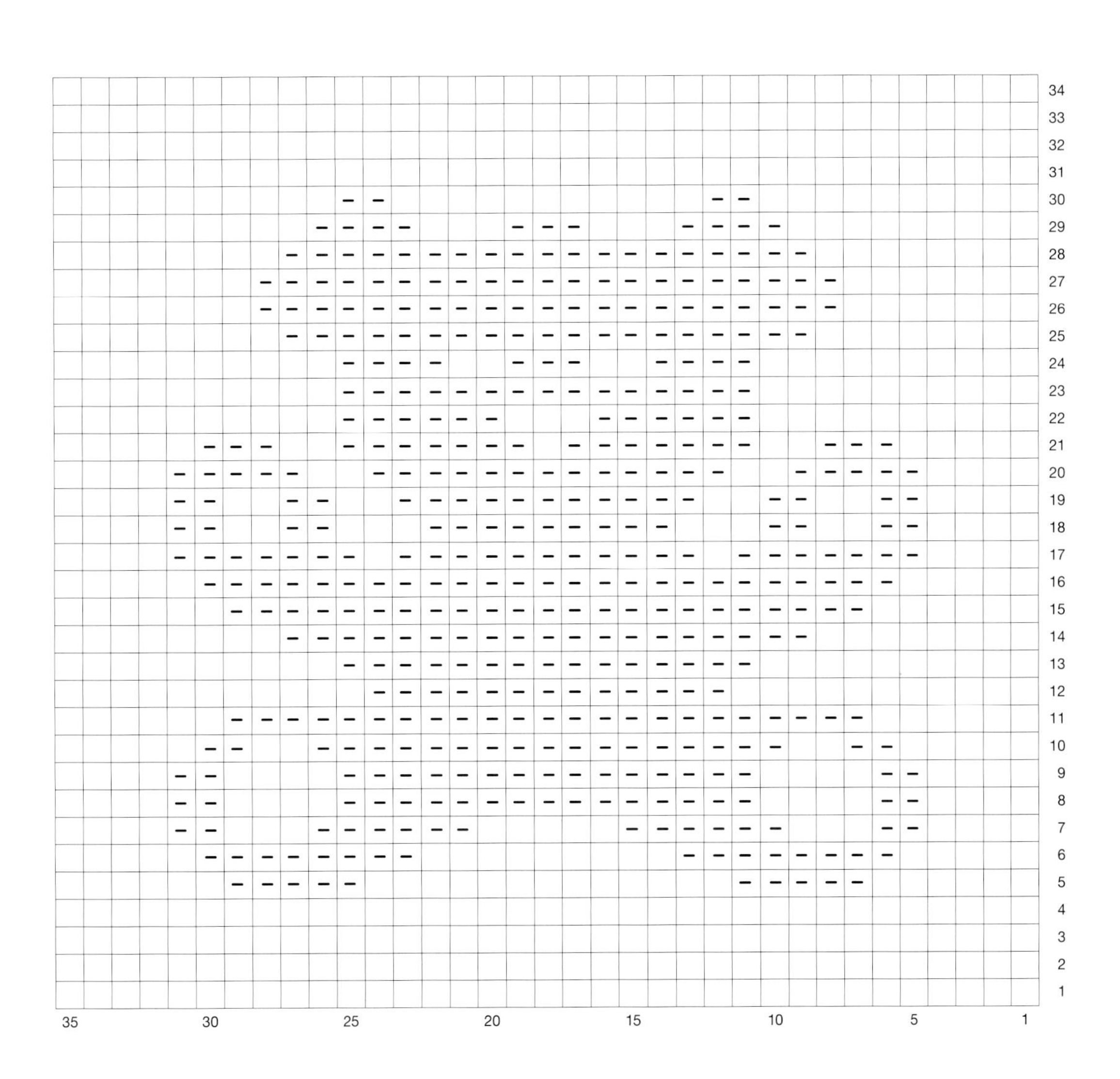

111
Col.74

112
Col.75

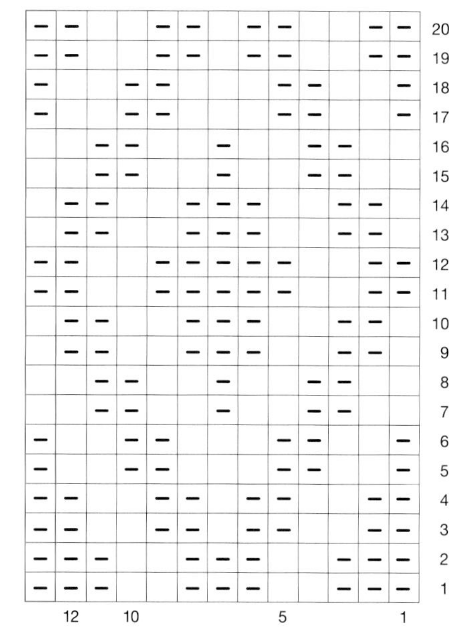

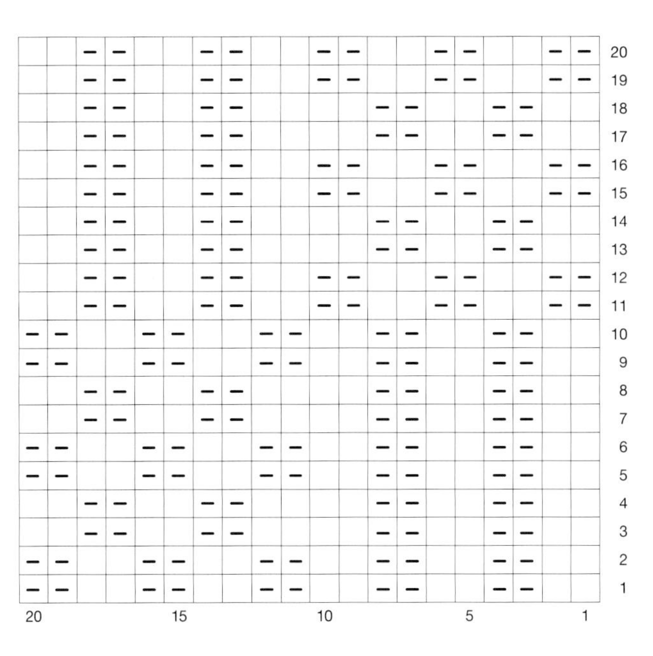

113 Col.73

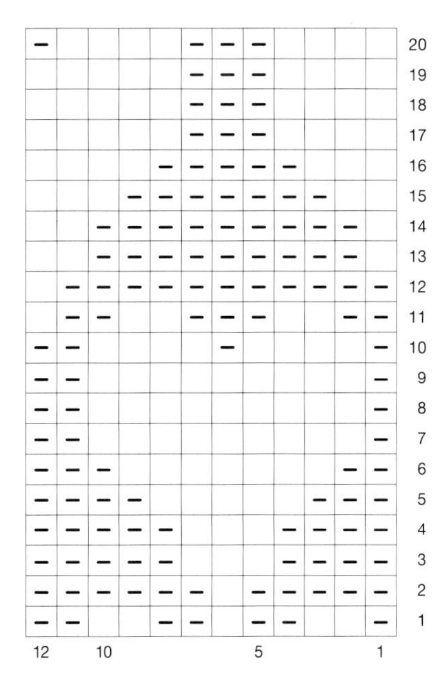

114

Col.79

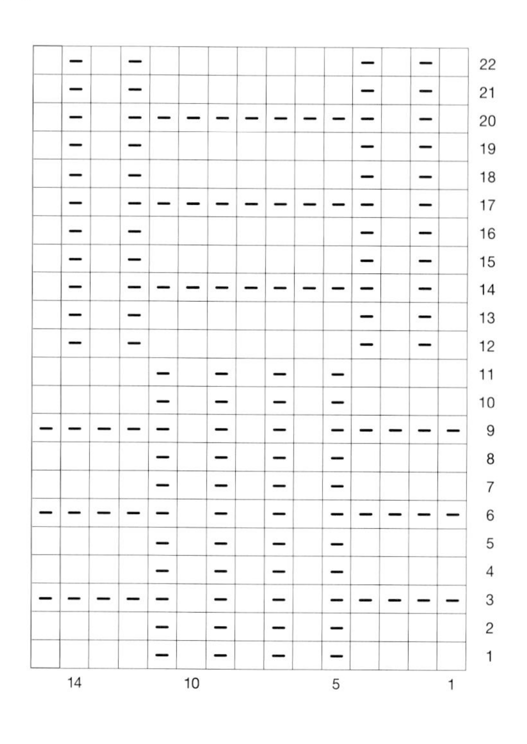

115

Col.115

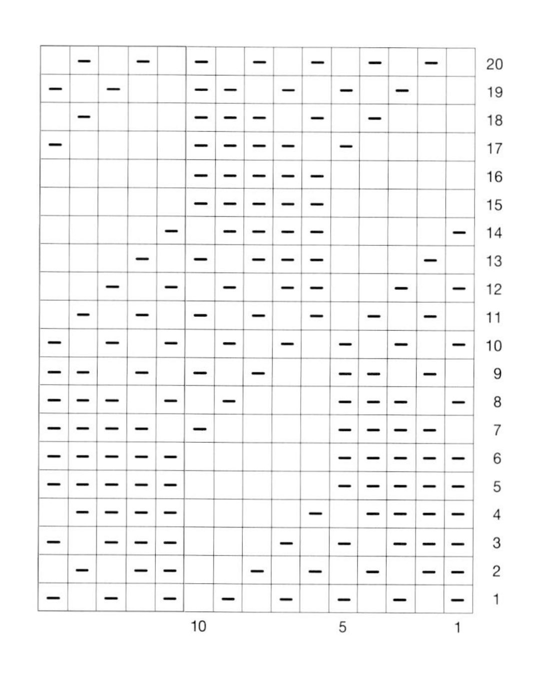

116-a Col.79

116-b

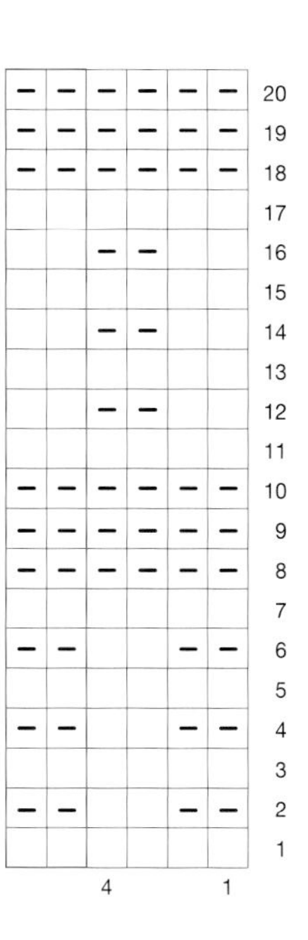

117
Col.65

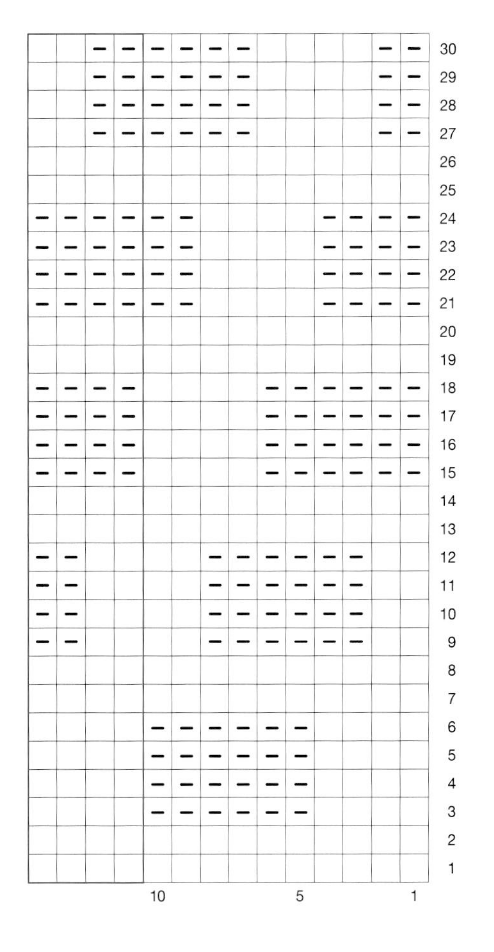

118-a
Col.74

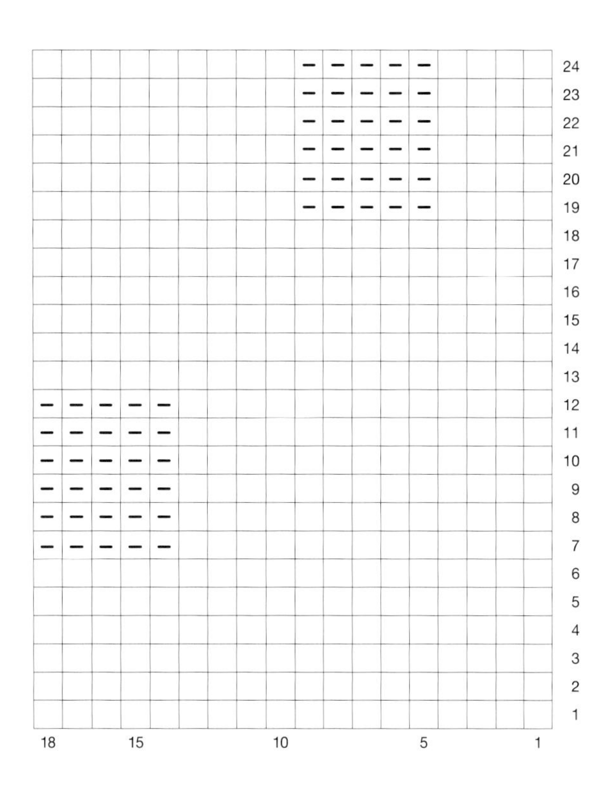

118-b

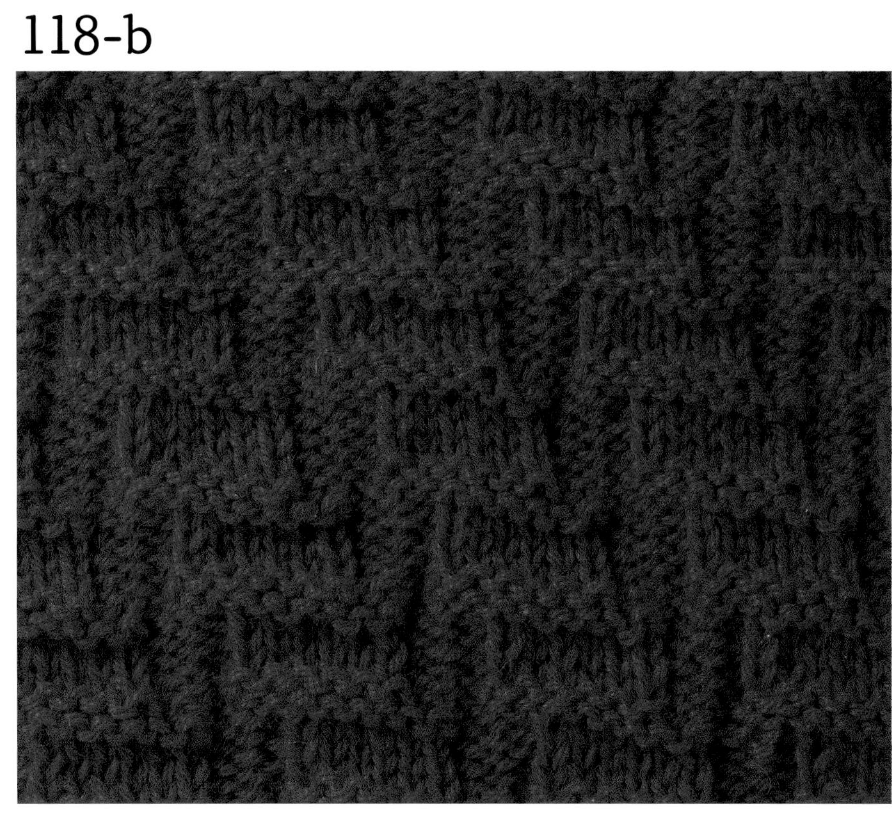

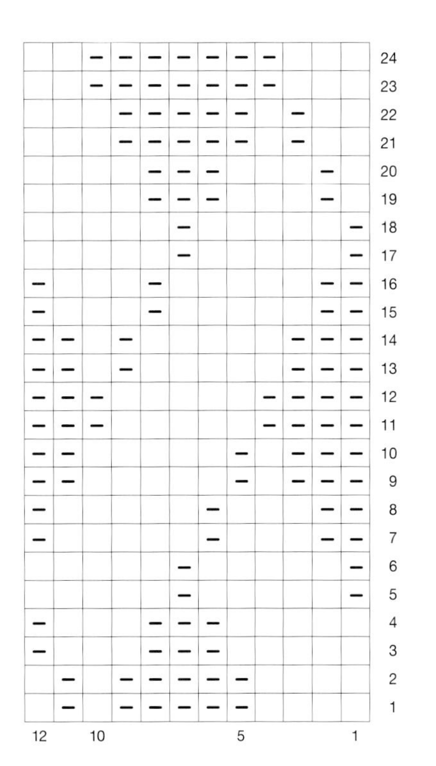

119

Col.73

120-a

Col.117

120-b

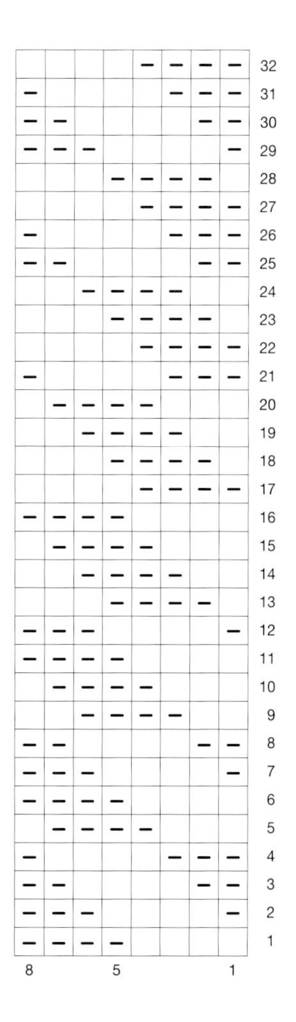

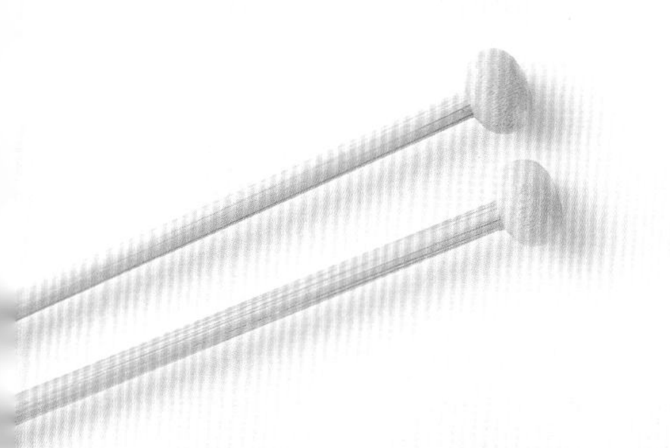

用编织花样编织的小物件

下面是从 120 种编织花样中精选的部分花样，设计成简单、实用的作品。
只需要改变毛线的种类和粗细，就可以织成不同的作品。

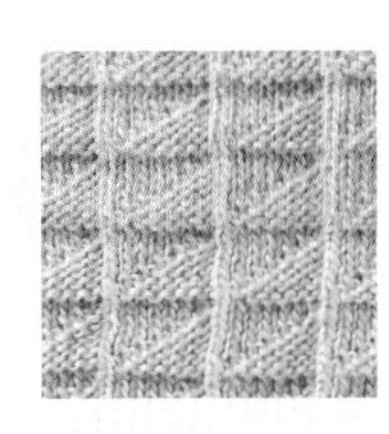

p.103/p.116

三角形披肩

花样：no.48（p.42）

p.104/p.118

帽子

花样：no.6（p.11）

p.106/p.119

发带

花样：no.45（p.40）

p.107/p.120

护腕

花样：no.18（p.19）

p.108/p.122

毯子

花样：no.111（p.94）

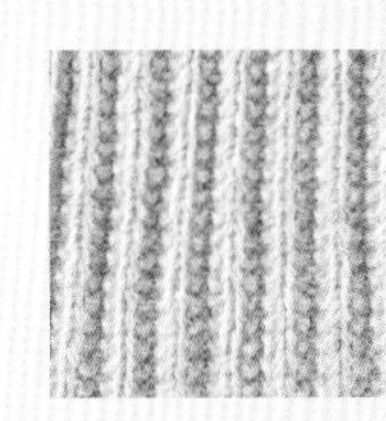

p.109/p.121

围巾

花样：no.12（p.15）

p.110/p.124

围脖

花样：no.73（p.60）

p.112/p.125

披肩

花样：no.81（p.67）

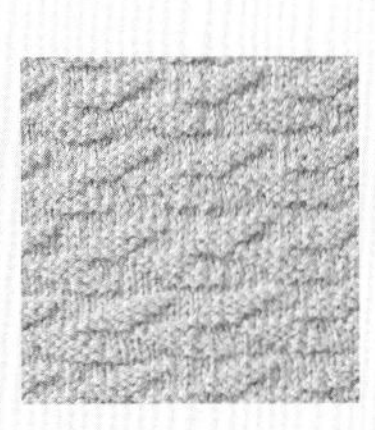

p.115/p.126

围巾（春夏款）

花样：no.17（p.18）、no.18（p.19）
no.51（p.44）、no.70（p.58）

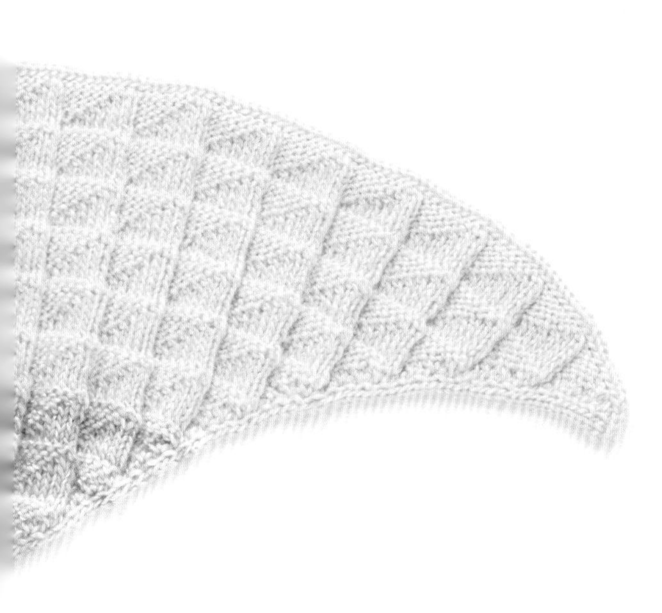

三角形披肩

[Pleats ZigZag Shawl]

将 3 种线材组合在一起，
编织清新、柔美的披肩。
远远地看，是方格花样；
近看，是锯齿状的三角花样，
非常有趣。

帽子 [Hanabira Hat]

这款帽子以双罗纹针为基本针法，形状独特。
戴上时，帽顶就像花瓣一样可爱。

发带 [Hairband]

这里使用了上针和下针
对比鲜明的锯齿状花样。
清淡的颜色很好搭配，
不挑衣服。

护腕 [Wrist Warmer]

使用 2 种颜色的羊毛线编织的简单花样。
在编织小物时，用细线编织，
花样看起来更加精致，
成品也更加雅致。

毯子 [Blanket]

由纵向条纹和格子花样组合而成。
用粗线编织，很快就能织好。
而且，编织花样也更加显眼，突出了设计感。

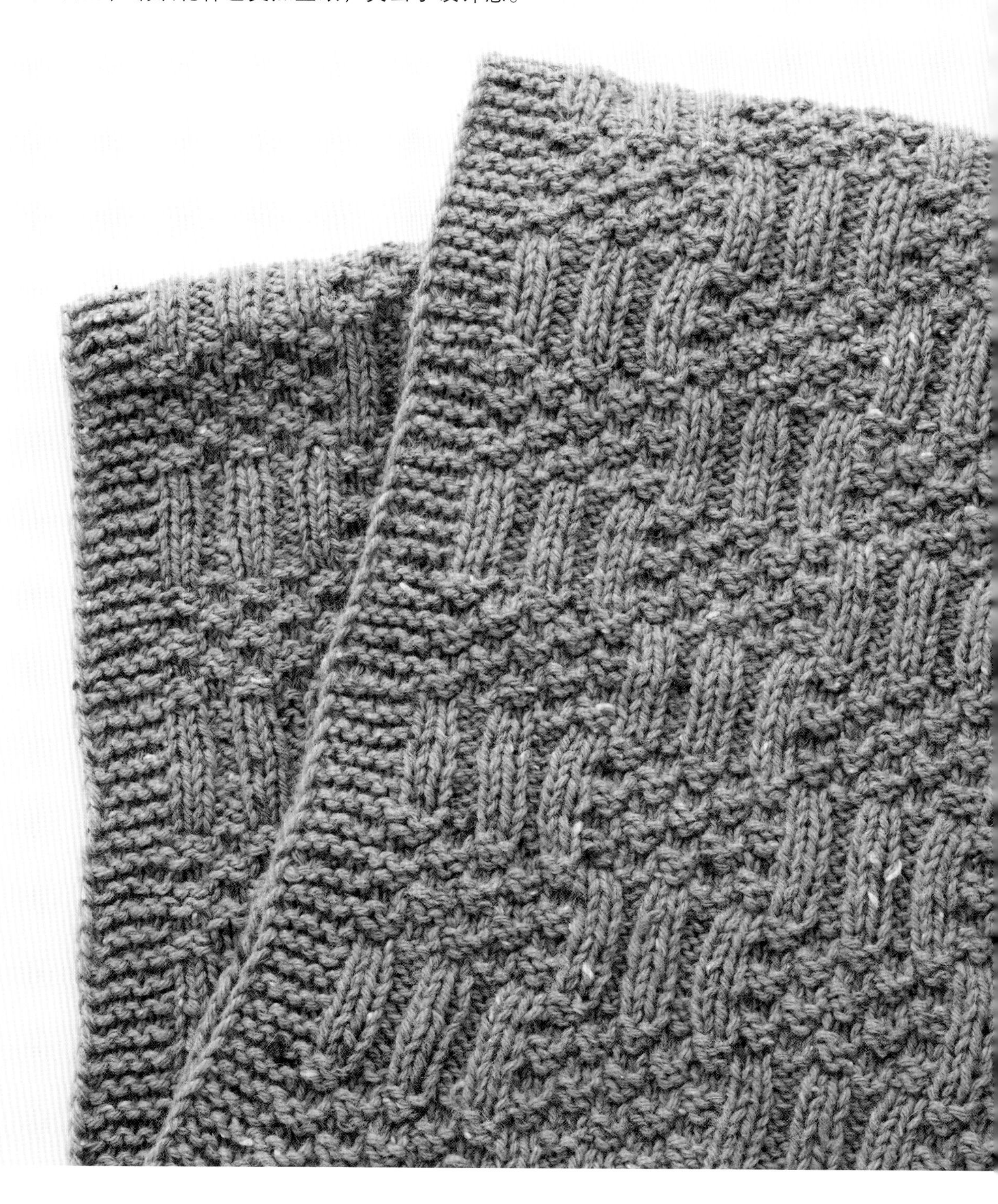

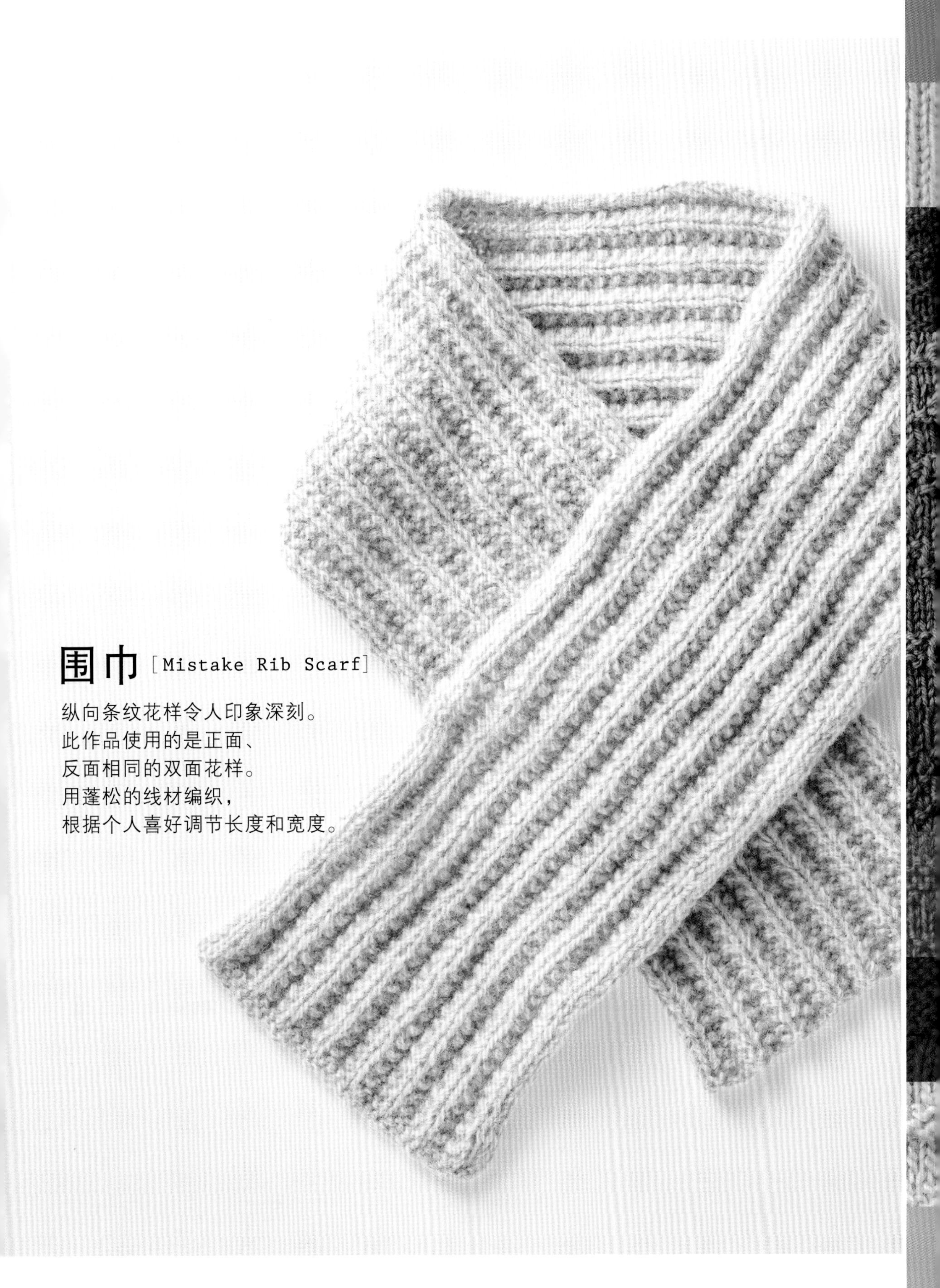

围巾 [Mistake Rib Scarf]

纵向条纹花样令人印象深刻。
此作品使用的是正面、
反面相同的双面花样。
用蓬松的线材编织，
根据个人喜好调节长度和宽度。

围脖 [Scarf]

这款作品使用了纵横交错的格子花样。比普通围脖稍宽，可以起到很好的保暖作用，也可以用来给腹部保暖。

披肩 [Poncho]

将等针直编的织片，
缝合成前面呈三角形的披肩。
即使是相同的花样，呈现的角度不同，
也会有完全不同的感觉，看起来像是不一样的复杂花样。

围巾（春夏款）

[Knit and Purl Scarf]

4 种花样组合在一起，
织成双面编织的围巾。
使用一年四季都可用的丝线编织，
看着爽心悦目，戴上也很舒服。

作品的编织方法

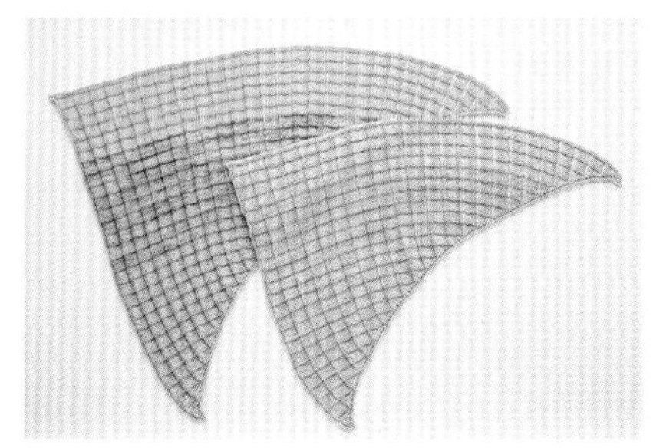

三角形披肩 [Pleats ZigZag Shawl]

花样：no.48/p.42 作品：p.103

[线] 大：YANAGI YARN Bloom Melody(4)80g，
Bloom(8)80g、(25)80g
小：YANAGI YARN Bloom Melody(11)50g，
Bloom(21)50g、(19)50g
[工具] 6 号棒针、缝合针
[编织密度] 10cm×10cm 的面积内：编织花样 21 针、29.5 行
[成品尺寸] 参照图示

[制作方法]

1. 起针3针，按照编织方法图一边加针一边做编织花样，[大]编织231行，[小]编织191行。
2. 编织终点做i-cord收针，或者做伏针收针。

下针的1针放3针的加针

1 按照下针编织的要领插入右棒针，挂线并拉出。

2 在右棒针上挂线。

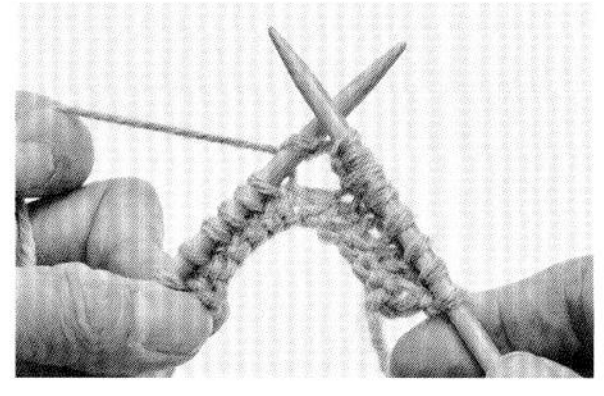

3 再次编织下针。

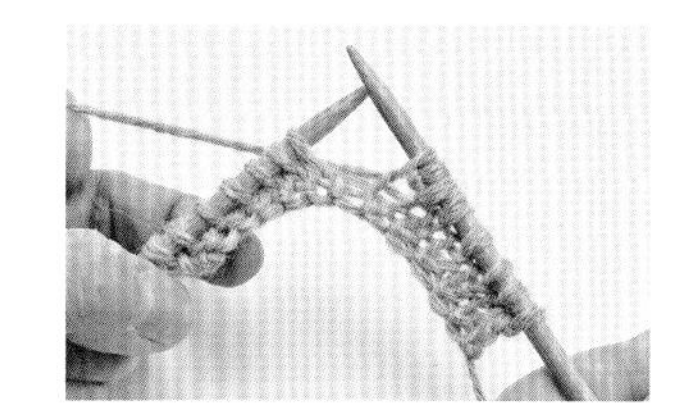

4 移下左棒针上的针目。下针的1针放3针的加针完成。

[编织方法图]

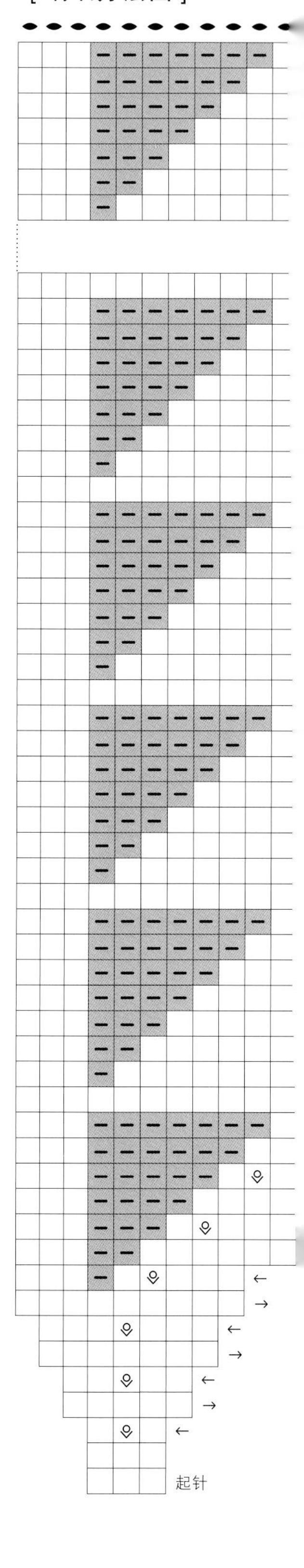

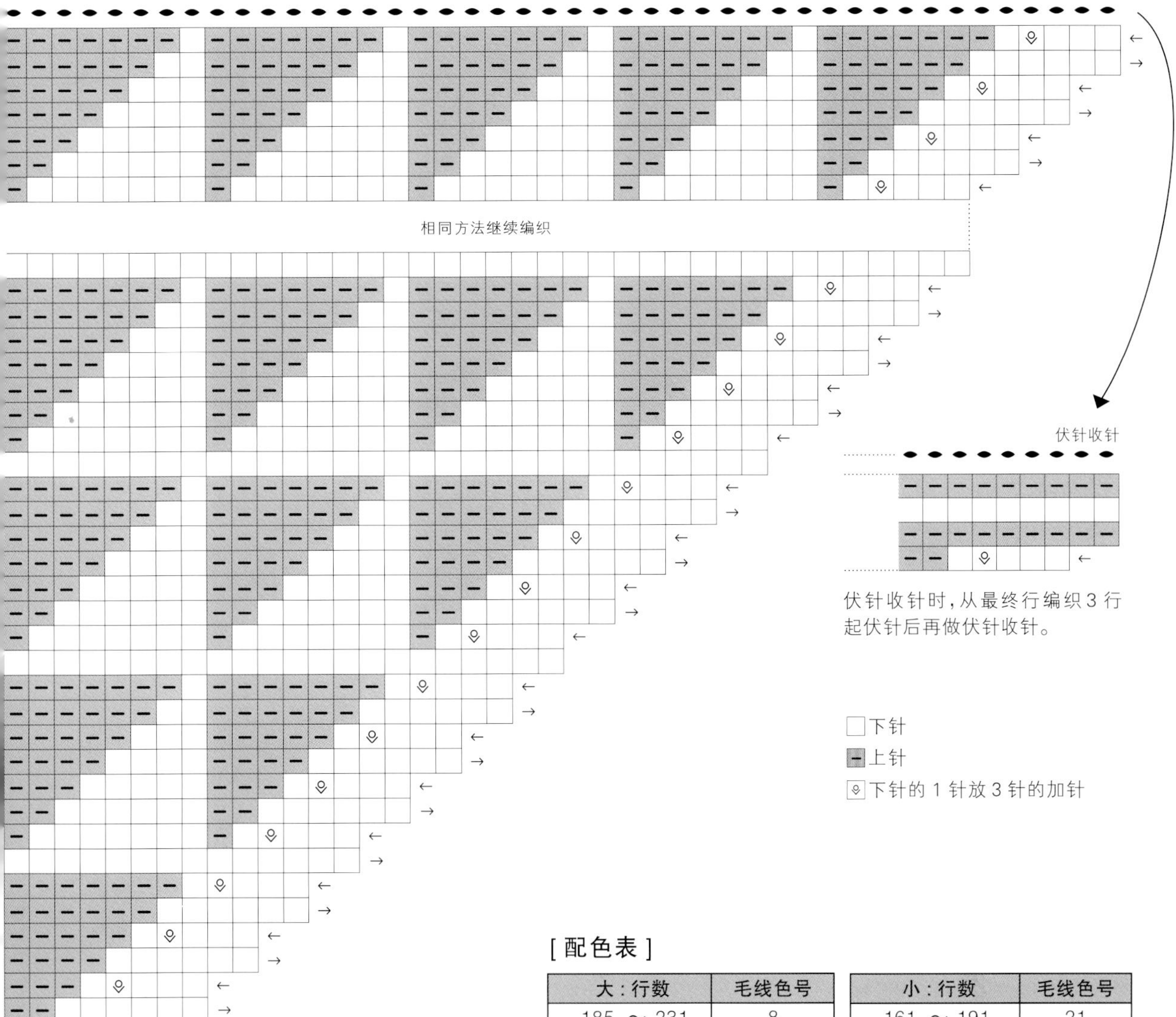

[配色表]

大 : 行数	毛线色号
185 ～ 231	8
113 ～ 184	4
起针 ～ 112	25

小 : 行数	毛线色号
161 ～ 191	21
113 ～ 160	11
起针 ～ 112	19

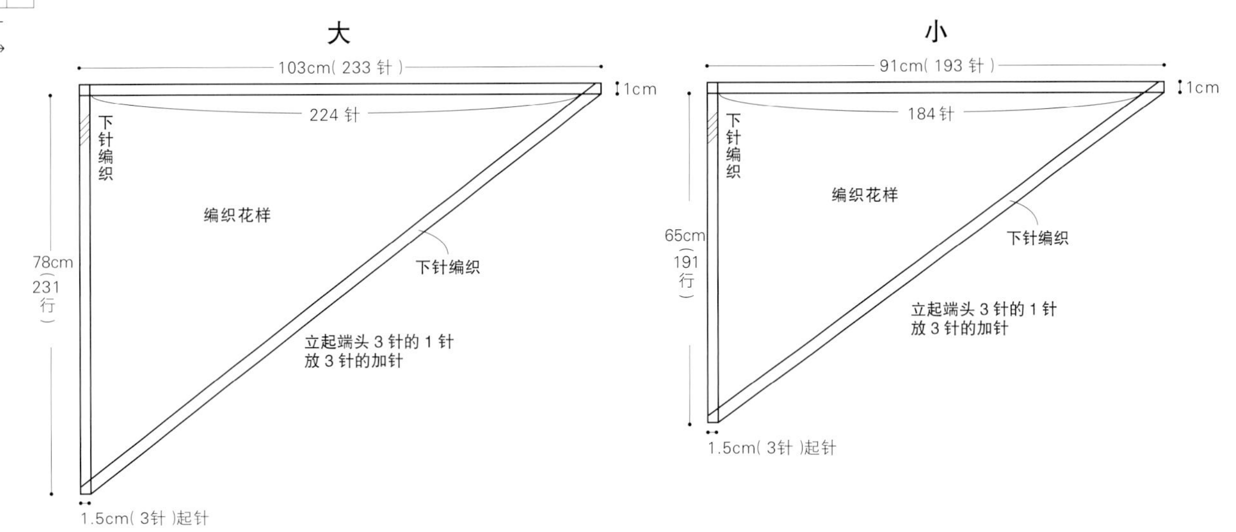

帽子 [Hanabira Hat]

花样：no.6/p.11 作品：p.104

[线] 达摩手编线 Shetland Wool 红色（10）50g
[工具] 3号棒针、缝合针
[编织密度] 10cm×10cm 的面积内：编织花样 38 针、29 行
[成品尺寸] 参照图示

[制作方法]

1. 起针144针，连成环形。按照编织方法图，编织61行编织花样。
2. 线留1m左右剪断，穿上缝合针，在下图★标记处分别缝合12针，从反面做下针的无缝缝合。
3. 中央的针目穿线并收紧。

[编织方法图]

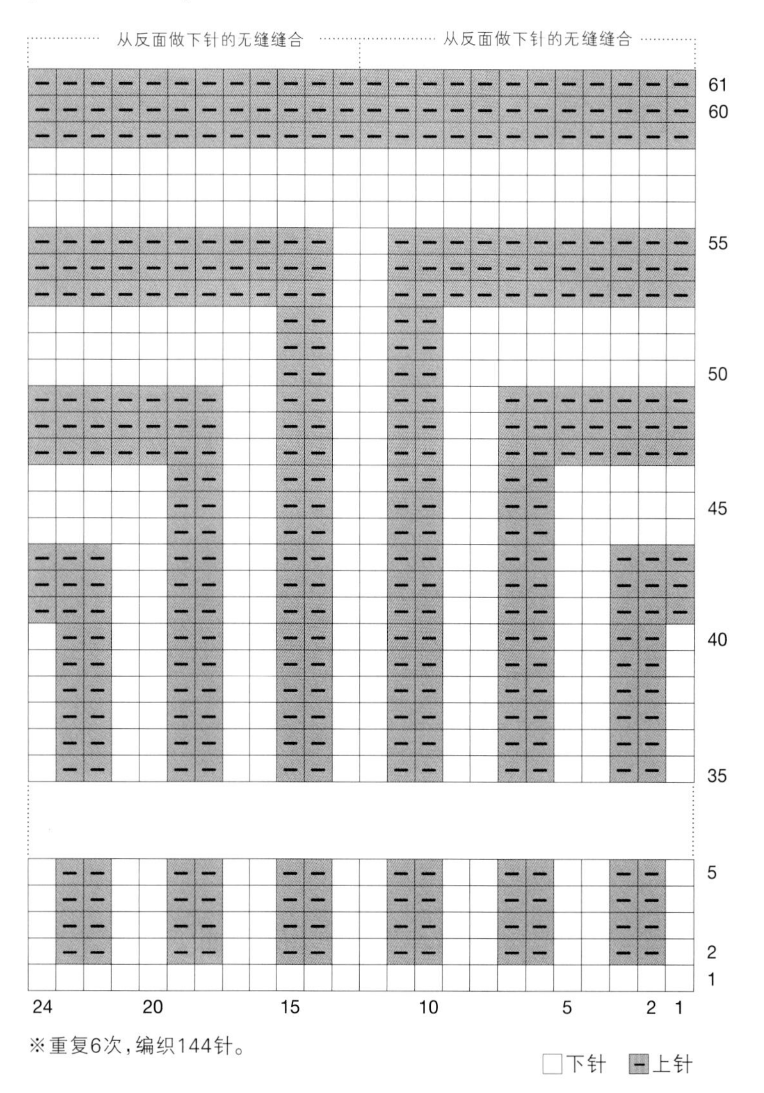

※重复6次，编织144针。

□下针 ▣上针

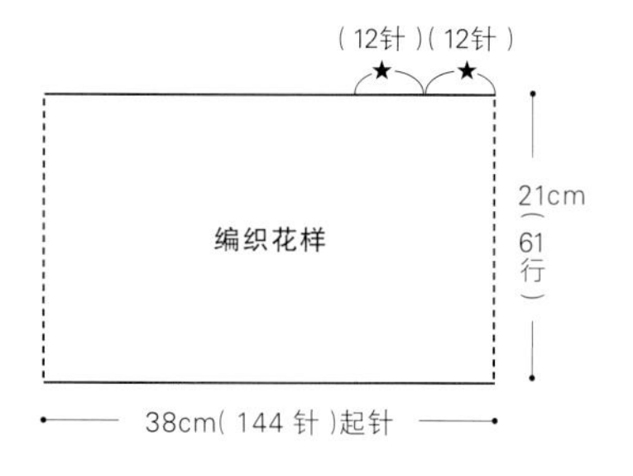

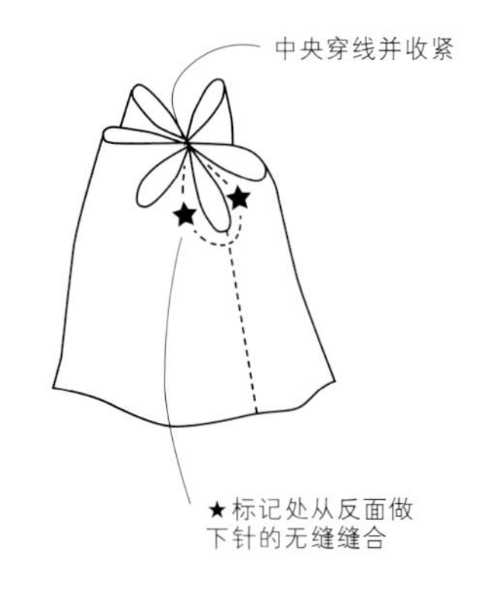

发带 [Hairband]

花样：no.45/p.40 作品：p.106

[线] 达摩手编线 蓬松的 Wool Alpaca
蓝灰色（5）25g

[工具] 5 号棒针、缝合针

[编织密度] 10cm×10cm 的面积内：编织花样
22 针、37.5 行

[成品尺寸] 参照图示

[制作方法]

1. 起针110 针，连成环形。按照编织方法图，编织起伏针和编织花样，共42 行。
2. 编织终点做伏针收针。

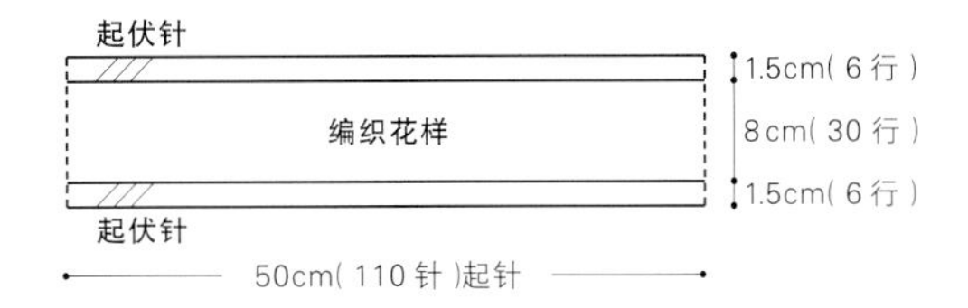

[编织方法图]

护腕 [Wrist Warmer]

花样：no.18/p.19 作品：p.107

[线] 达摩手编线 蓬松的 Wool Alpaca
棕色（3）20g、金色（12）15g
[工具] 5 号棒针、缝合针
[编织密度] 10cm×10cm 的面积内：编织花样 21.5 针、34.5 行
[成品尺寸] 参照图示

[制作方法]

1. 编织右护腕。起针40 针，连成环形。按照编织方法图，一边换线，一边编织84 行。中途第61 行，拇指孔处的8针做伏针收针。
2. 编织终点做伏针收针。左护腕也按照相同方法编织。

[配色表]

行数	毛线色号
1′～4′	12
39 ～ 76	3
33 ～ 38	12
21 ～ 32	3
1 ～ 20	12
1′～4′	12

[编织方法图]

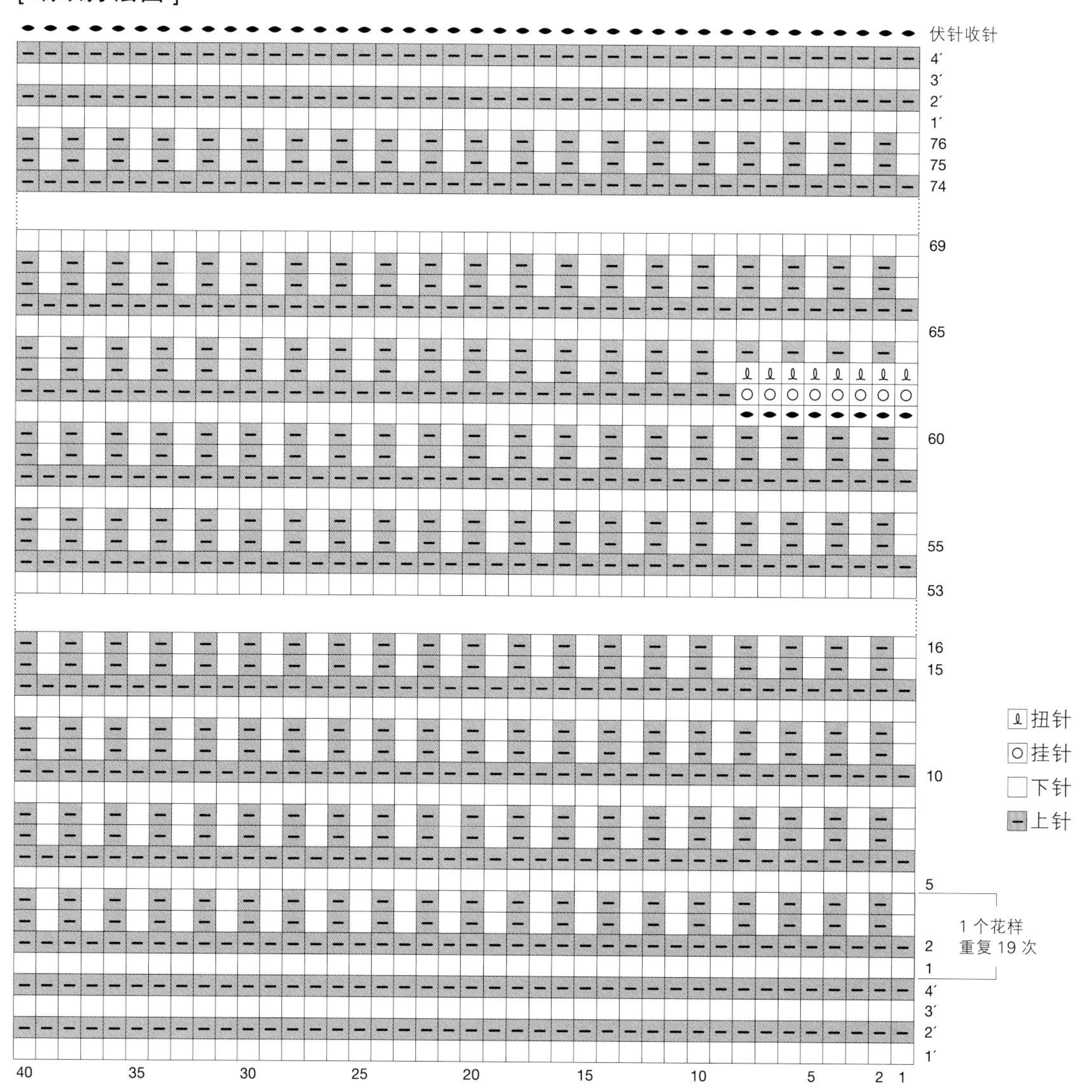

ℓ 扭针

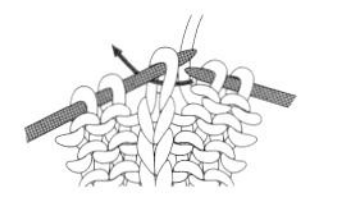

①将右棒针从左棒针针目的后面插入。

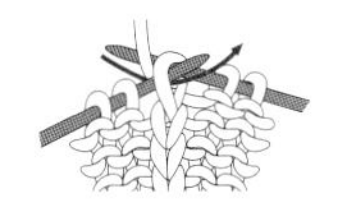

②给右棒针挂线，如箭头所示将线拉出。

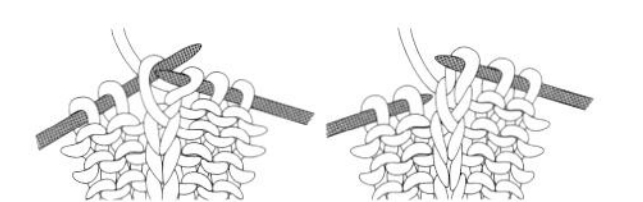

③拉出的线圈根部发生了扭转。

○ 挂针

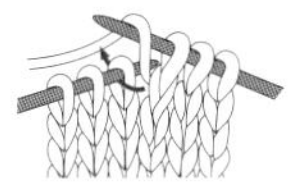

①从前向后将线挂在右棒针上。

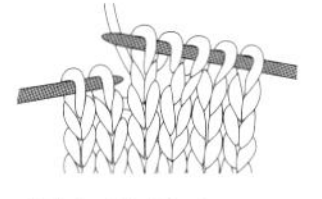

②接着编织下一针。

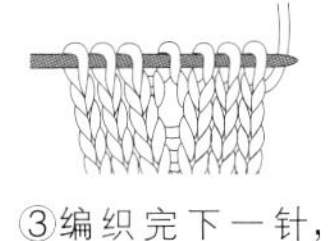

③编织完下一针，会出现一个孔。

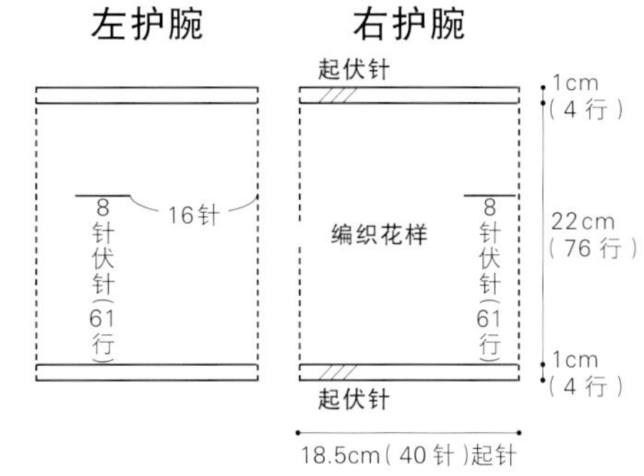

围巾 [Mistake Rib Scarf]

花样：no.12/p.15 作品：p.109

[线] 达摩手编线 GEEK 奶白色＋紫色（7）100g

[工具] 12号棒针、缝合针

[编织密度] 10cm×10cm的面积内：编织花样16针、24.5行

[成品尺寸] 参照图示

[制作方法]

1. 起针33针，按照编织方法图，编织286行编织花样。
2. 编织终点做伏针收针。

[编织方法图]

伏针收针

行：286、285、280、276 …… 13、10、5、2、1

针：33、30、25、20、15、10、5、2、1

1个花样重复143次

□ 下针

⊟ 上针

下针编织 | 编织花样 | 下针编织

1.5cm（3针） 17cm（27针） 1.5cm（3针）

116cm（286行）

20cm（33针）起针

毯子 [Blanket]

花样：no.111/p.94
作品：p.108

[线] 达摩手编线 Classic Tweed 芥末色（8）360g
[工具] 11 号棒针、缝合针
[编织密度] 10cm × 10cm 的面积内：编织花样 16 针、24 行
[成品尺寸] 参照图示

[制作方法]
1. 起针100针，按照编织方法图，编织224行。
2. 编织终点做伏针收针。

V 滑针

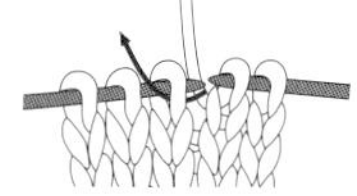

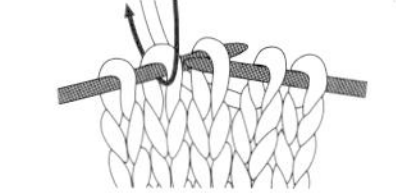

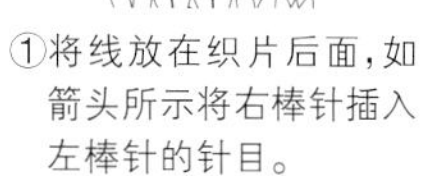

①将线放在织片后面，如箭头所示将右棒针插入左棒针的针目。
②不编织，直接移至右棒针。
③下一针正常编织。

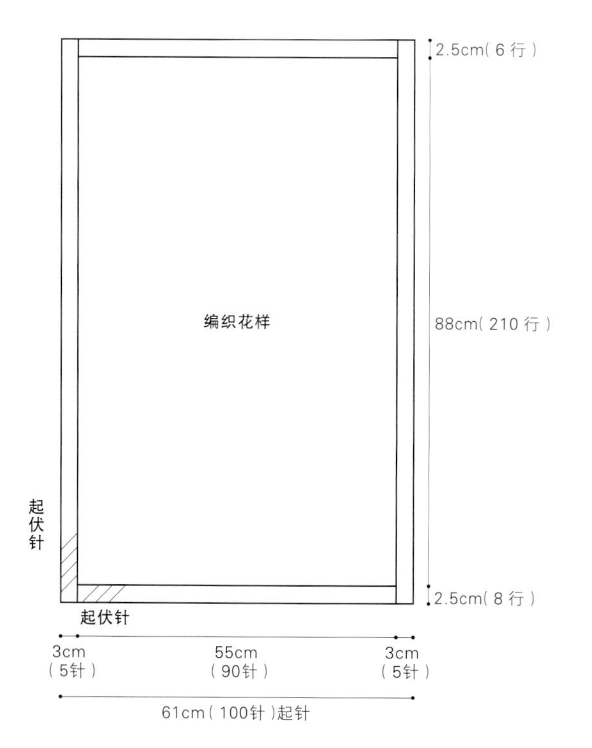

[编织方法图]

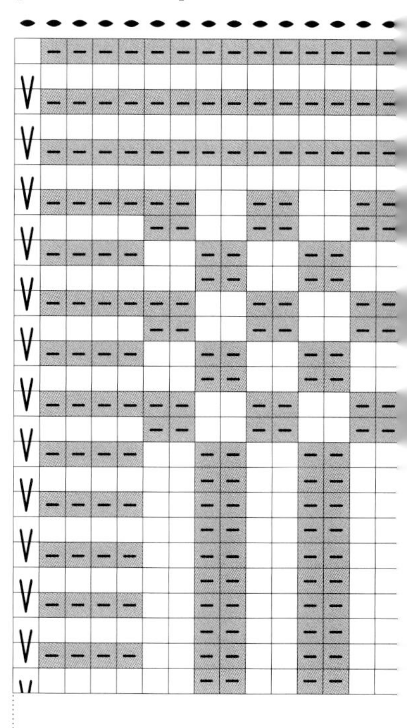

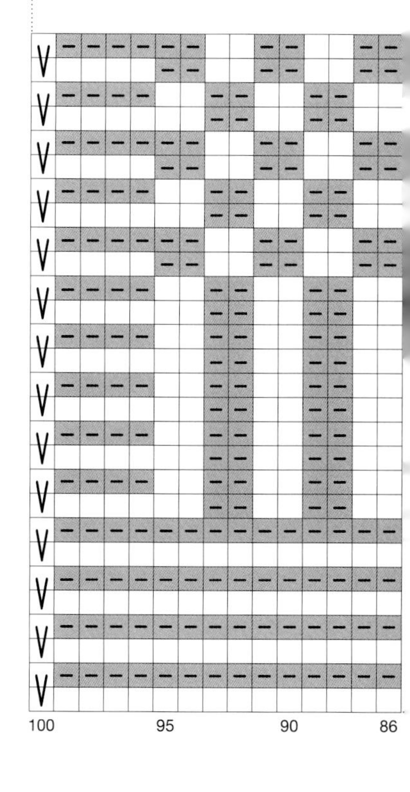

伏针收针
6´
5´
4´
3´
2´
1´
210
205
200
195
191
20
15
10
5
2
1
8´
7´
6´
5´
4´
3´
2´
1´
1个花样重复10.5次
45
40
35
30
25
20
15
10
5
2
1

下针 上针 V 滑针

围脖 [Scarf]

花样：no.73/p.60 作品：p.110

[线] 达摩手编线 Merino Style 中粗水蓝色（8）120g
[工具] 6号棒针、缝合针
[编织密度] 10cm×10cm的面积内：编织花样21针、31行
[成品尺寸] 参照p.126

[制作方法]

1. 起针140针，连成环形。按照编织方法图，编织101行。
2. 编织终点做伏针收针。

[编织方法图]

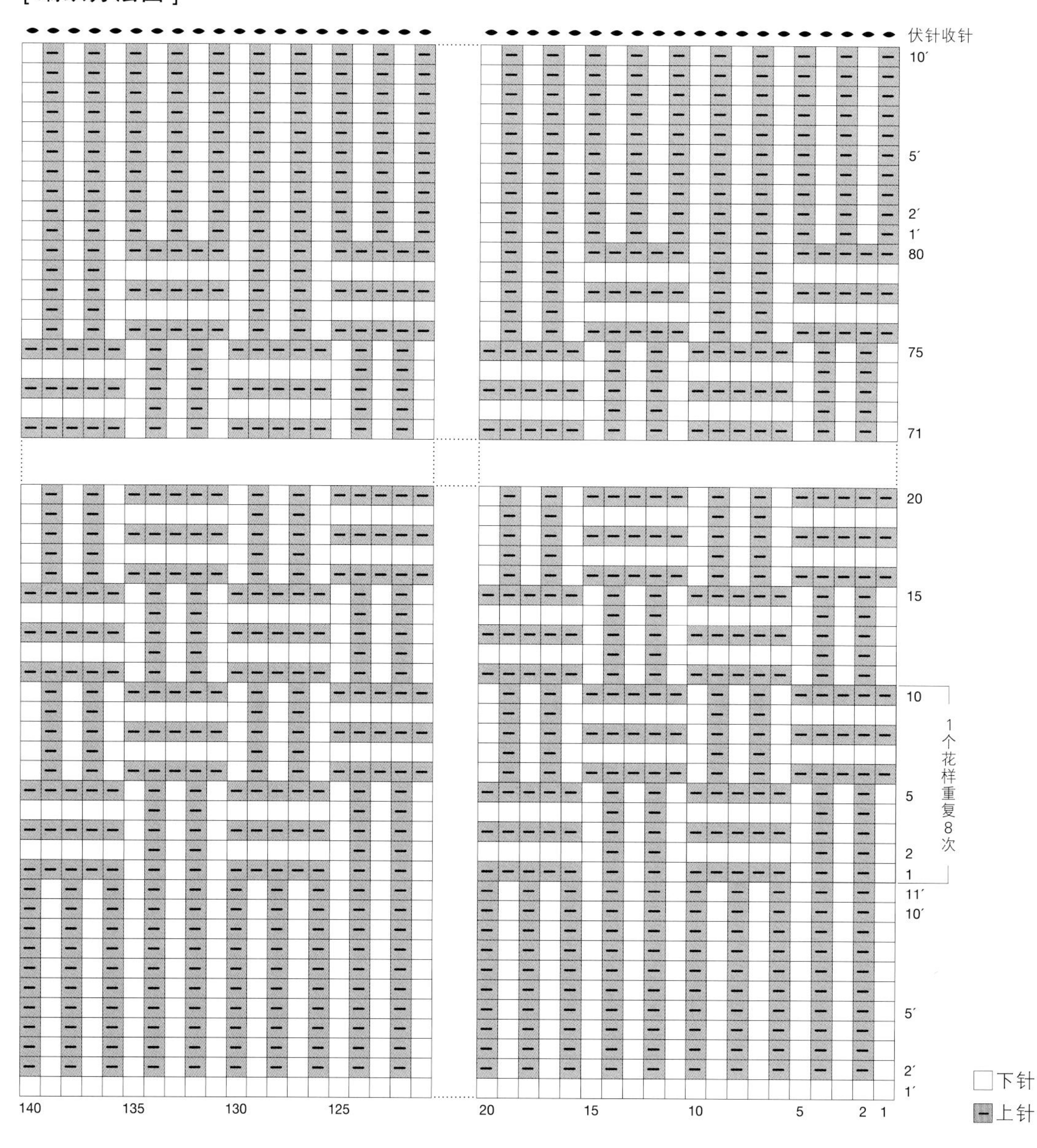

※后续编织方法图见p.126。

披肩 [Poncho]

花样：no.81/p.67 作品：p.112

[线] 达摩手编线 Merino Style 极粗浅灰色 (302) 200g
[工具] 10 号棒针、缝合针
[编织密度] 10cm × 10cm 的面积内：编织花样 17.5 针、24 行
[成品尺寸] 参照 p.126

[制作方法]

1. 起针50针，按照编织方法图，编织8行编织花样A、264行编织花样B。
2. 编织终点结合第74行◎标记的位置，对齐针与行缝合 (参照p.126图A)。
3. 从领窝环形挑针，编织11行双罗纹针 (参照p.126图B)。
4. 编织终点做伏针收针。

[编织方法图]

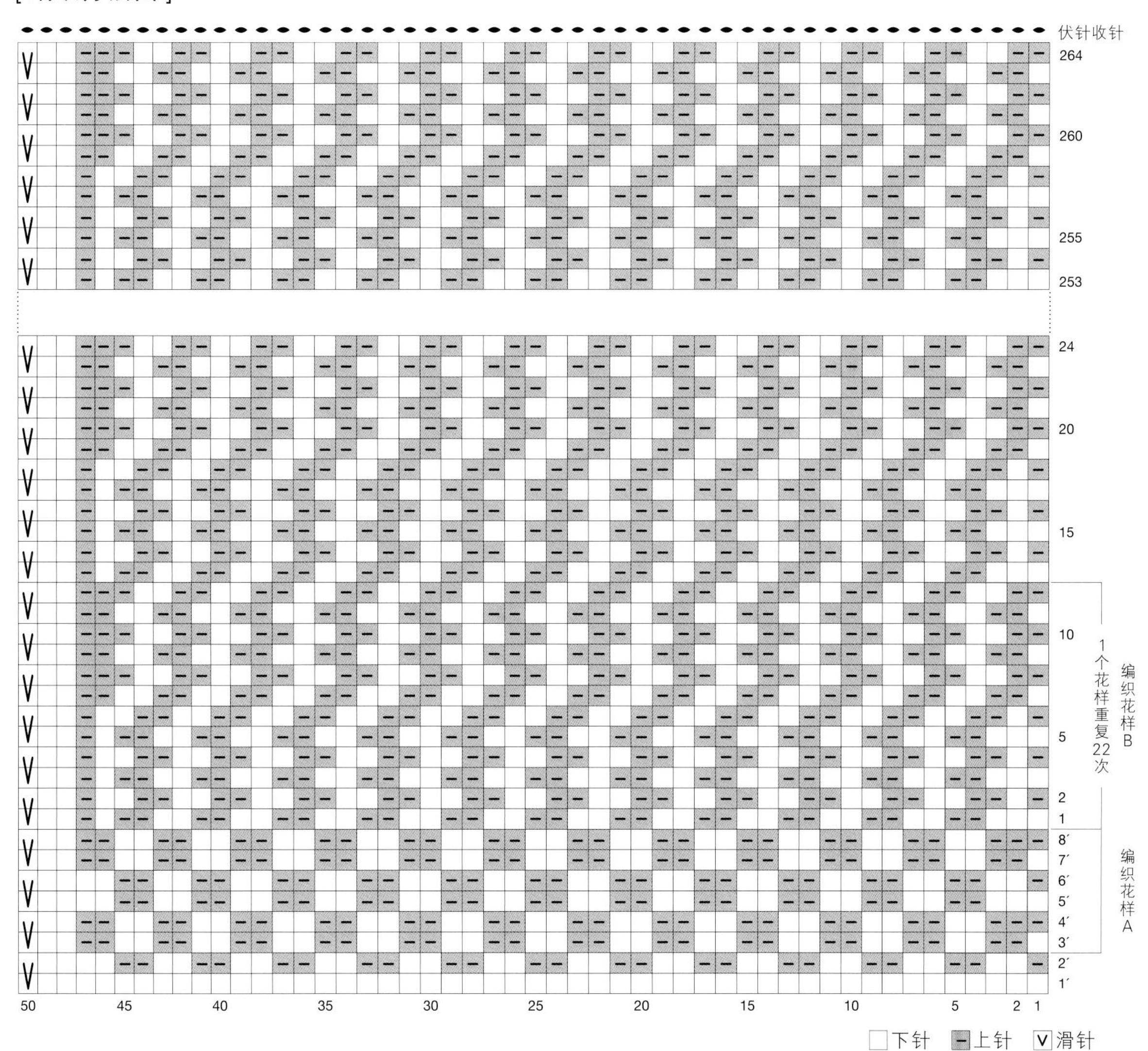

※后续编织方法图见p.126。

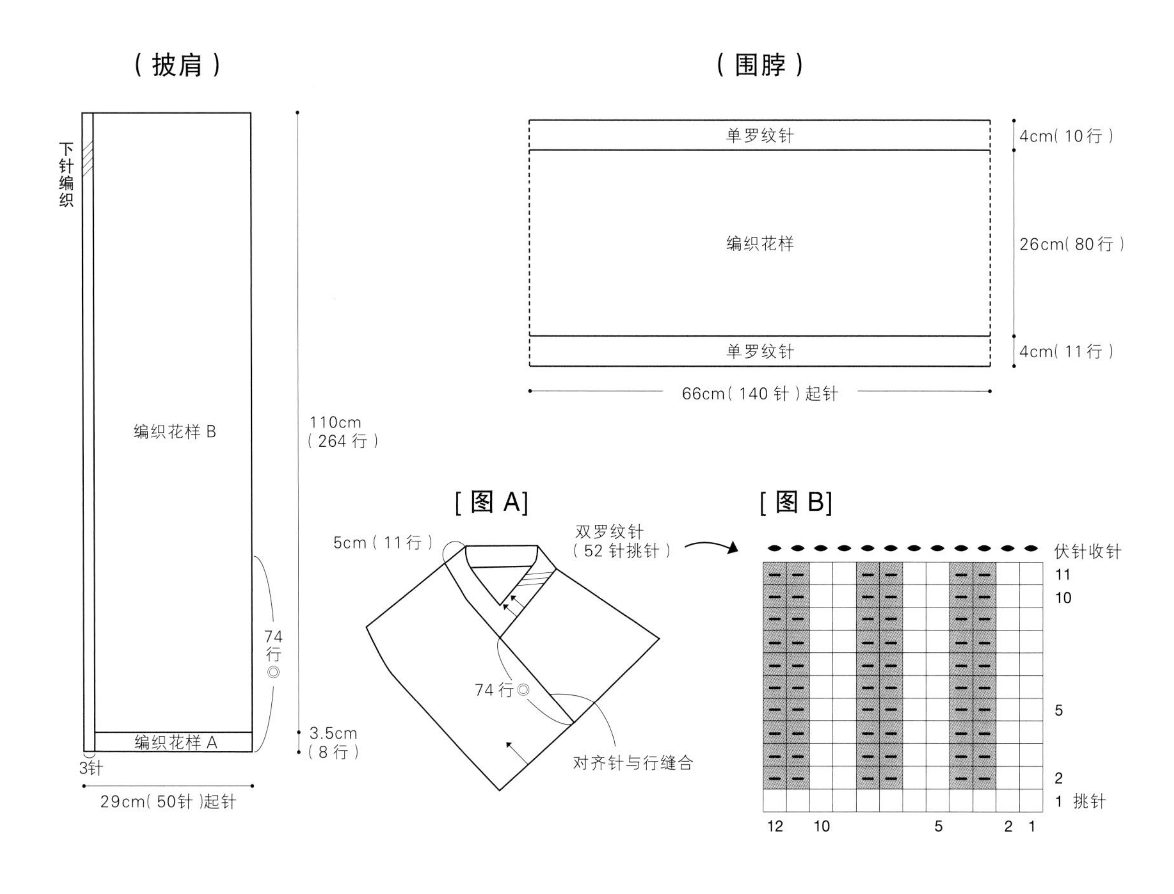

围巾（春夏款）

[Knit and Purl Scarf]

花样：no.17、18、51、70/
　　　p.18、19、44、58

作品：p.115

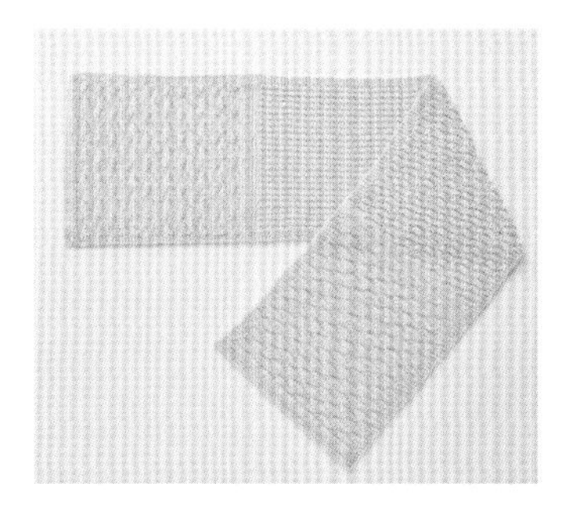

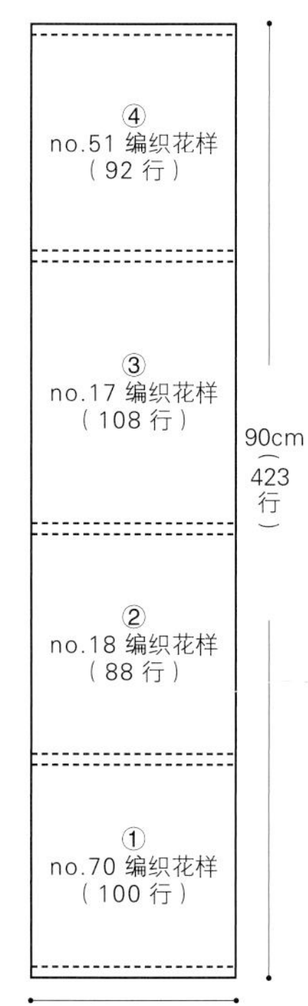

[线] YANAGI YARN
　　Sachi 蛋黄色（4）100g

[工具] 3 号棒针、缝合针

[编织密度] 10cm×10cm 的面积内：编织花样 26 针、45 行

[成品尺寸] 参照图示

[制作方法]

1. 起针54针，按照编织方法图，编织423行编织花样。
2. 编织终点做伏针收针。

[编织方法图]

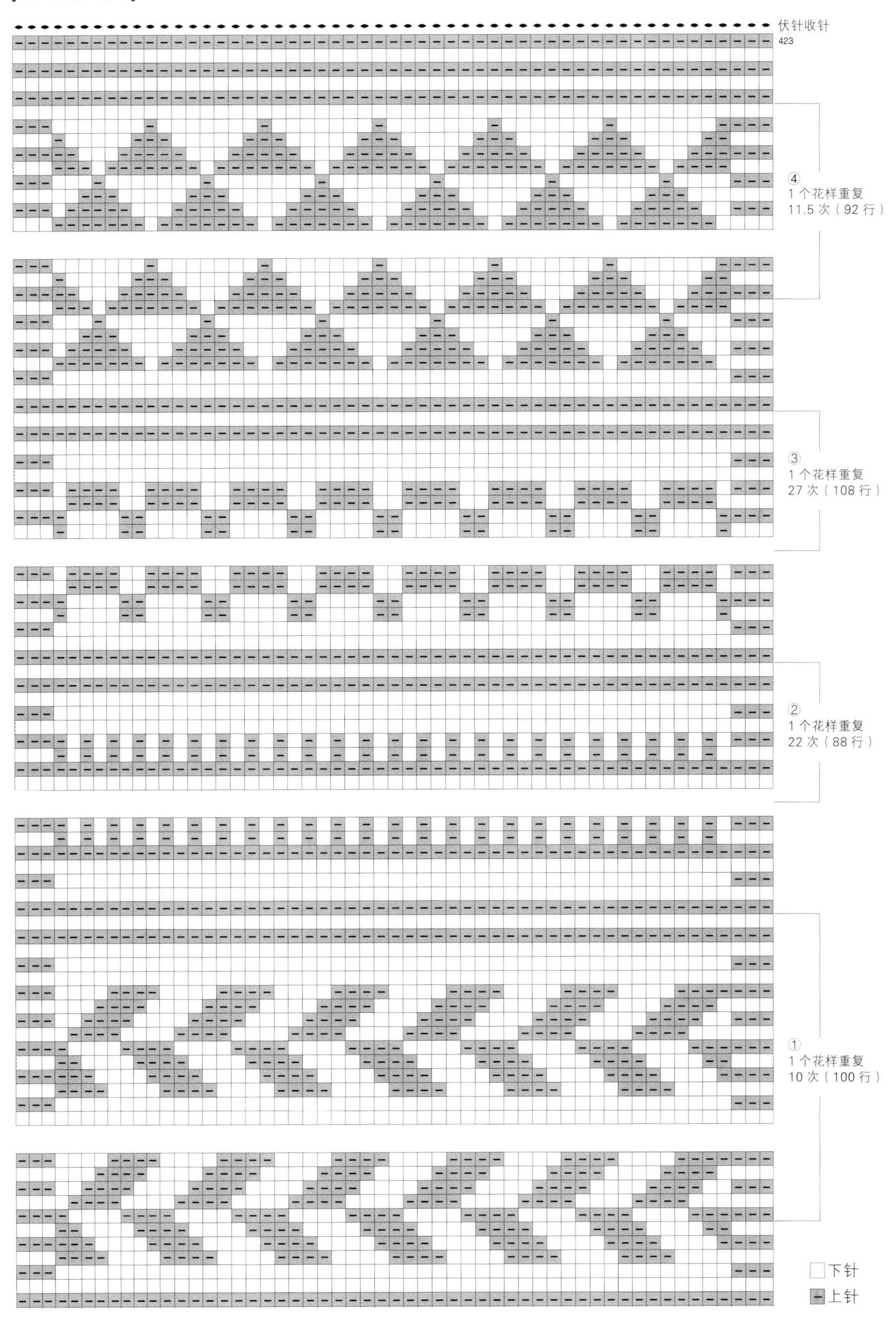
伏针收针
423
④
1 个花样重复
11.5 次（92 行）
③
1 个花样重复
27 次（108 行）
②
1 个花样重复
22 次（88 行）
①
1 个花样重复
10 次（100 行）
下针
上针

Original Japanese edition published by NIHONBUNGEISHA Co., Ltd.

This Simplified Chinese language edition published by arrangement with NIHONBUNGEISHA Co., Ltd., Tokyo in care of Tuttle-Mori Agency, Inc., Tokyo through Inbooker Cultural Development (Beijing) Co., Ltd.

贝恩德·凯斯特勒
（Bernd Kestler）

出生于德国的编织作家。12 岁开始自学编织，自 1998 年到日本后，先后在日本各地的编织教室担任讲师，在东日本大地震后，发起过名为“Knit for Japan”的募捐活动，通过编织鼓舞受灾群众。他喜欢骑车，外出旅行时也不忘带着编织工具。著有《环形编织的莫比乌斯围脖》（本书中文简体版已由河南科学技术出版社引进出版）等书。

备案号：豫著许可备字-2021-A-0091

图书在版编目（CIP）数据

贝恩德·凯斯特勒上针下针编织花样120 /（德）贝恩德·凯斯特勒著；如鱼得水译. —郑州：河南科学技术出版社，2022.7
ISBN 978-7-5725-0805-9

Ⅰ. ①贝… Ⅱ. ①贝… ②如… Ⅲ. ①绒线—编织—图集 Ⅳ. ①TS935.52-64

中国版本图书馆CIP数据核字（2022）第087204号

出版发行：河南科学技术出版社
地址：郑州市郑东新区祥盛街27号　邮编：450016
电话：（0371）65737028　65788613
网址：www.hnstp.cn
策划编辑：刘　欣
责任编辑：刘　瑞
责任校对：刘淑文
封面设计：张　伟
责任印制：宋　瑞
印　刷：河南瑞之光印刷股份有限公司
经　销：全国新华书店
开　本：787mm × 1 092mm　1/16　印张：8　字数：150千字
版　次：2022年7月第1版　2022年7月第1次印刷
定　价：59.00元